禾

UnRead

—

思想家

LEE EISENBERG

Making Sense of Birth, Death, and
Everything in Between

The Point is...

我脑海里 一种人生思辨的可能 住着一个
自我怀疑又自作聪明的人

〔美〕李·艾森伯格——著　　孙红梅　吴晓燕————译

北京联合出版公司
Beijing United Publishing Co.,Ltd.

谨以此书纪念我的父亲和母亲，
乔治和伊芙

我们创作小说，是为了在连一种人生都几乎无法掌控的时候，依然能以这种方式去过我们想要的多种人生。

——马里奥·巴尔加斯·略萨
在领取 2010 年诺贝尔文学奖时的致辞

目 录
/
contents

前　言

几年前的夏天，我跟妻子琳达在长岛的一个小镇上租了栋房子，住了几周。之所以来这儿，是因为我们想跟平时不常见面的人多叙叙旧。专家说，亲密的人际关系——家人、朋友、社群等，对实现有意义的生活起着根本作用。可我们住在中部的芝加哥，大多数朋友住在东部，所以为了保持这些人际交往，我们平时需要隔三岔五地搭飞机两头跑。我们的两个孩子——奈德和凯瑟琳二十几岁了，各自独立住在布鲁克林。我们的打算是，让孩子们一起来长岛待几个周末。

我们租住的房子坐落在一条安静的街上，闲逛一会儿就可以走到镇中心，骑车的话十分钟可以到海边。不过，街头拐角处的那座古老的乡村墓地，才是让人意外的福利。第一次穿过这道墓地的铁门时，我意识到，除非是由于悲伤地出席葬礼，我还从未参观过墓地。

从那天起，去这座墓地成了我每日生活的一部分。每天早餐后我会去慢跑，开始还顾虑到穿着运动鞋和运动短裤穿行其中是否会有所冒犯。我确保自己走在墓碑中间没有铺砌过的小路上——这样做是对的，因为后来我看到了安妮·塞克斯顿的一首诗《诅咒那些挽歌》中的这条告诫"把你的脚从墓地上挪走吧，这里的人在忙着死去"。

　　有人说，要专注于生命，就必须剥离对于死亡的陌生感。一部分原因是，我的中年时光已经悄然到来，又悄然逝去；另一部分原因是，夏天白昼很长，可以看到长长的影子。最重要的是，我有一本书要写。因此，在长岛的那几周，我白天的任务就是要剥离对死亡的陌生感。晨跑之后，我会把自己关进一间狭小的空置卧室里，面对一堆谁都不会在夏天度假时读的书：《拒斥死亡》《死亡与心理学的重生》《生与死的对抗》《直视骄阳：征服死亡恐惧》《最好的告别》。这些名字听起来有些阴郁，但实际上没有那么糟糕。我有过比这更糟糕的度假经历。比如在苏格兰那次，我们请来照顾儿子的保姆，挑战我说要打一局高尔夫。那时我儿子才两岁，而保姆的差点[1]也只有两点。她毫不留情地将我打得落花流水。

　　一天的工作结束时，我会将这些关于死亡或走向死亡的书放回去，再回到墓地去放放风。我在那儿从未见到过一个活人，那里的每个人仍然在"忙着死去"。我会漫无目的地闲逛到暮色来临。这里仿佛是一部巨大的生活故事选集，有所有你能想象到的故事

1　差点：高尔夫球术语，高尔夫球手平均成绩与标准杆数差距，差点越低说明水平越高。——译者注，下同。

类型，可追溯至两百年前，每个故事都与其他故事迥然不同，然而却像被一只灵巧的讲故事的大手操纵——甚至罗伯特·奥特曼也望尘莫及——最后每个故事结尾都落在了相同的地方，落在了这个古老的乡村墓地里。

　　毫不夸张地说，我的脑海里有很多故事，实际上我也一向如此。我职业生涯的大部分，是在《时尚先生》(*Esquire*)杂志度过的近二十年，其间许多故事一直充斥着我的脑海：有虚构的小说，也有非虚构的故事。我试着将它们编写下来，当故事博得好评时庆祝，当故事无果而终时悲从中来。之后，有人付钱请我去讨论如何将讲故事应用到所有事情上，从（为新开设的教育机构）充实学校课程表到（为一家产品目录公司）介绍一款神奇的高科技羽绒服都有。

　　我有一些关系最好的朋友本身就是故事。某天参加一个晚宴时，我环顾餐桌四周，意识到自己坐在一部肥皂剧、一出闹剧、一部言情故事和一部不停地啰啰唆唆、杂乱无章、毫无头绪的冗长故事中间。闹剧和言情故事喝了太多酒，肥皂剧呜呜咽咽，冗长故事没完没了地絮叨。即使是这样，那天晚上也意外地令人愉快——虽然偷偷地告诉你，有几次我也觉得还不如回家躺床上读本好书呢。

　　你有你的人生故事，我也有我的。桌旁的那些人有他们的故事，这个古老墓地里的每个人也都曾有故事。我们的故事就是我们自己，每个都是独一无二的。即使你故事里的事件、关系、人物同我故事里的一模一样，我们的故事走向也会大相径庭。即便我们像连体婴一样每天待在一起，我们的故事也会有所不同，因为我们记得的事情会有差异。

必须明确指出的是：我说的不是可以写在纸上的那种人生故事。我讲到的故事，就像你的手背一样，是你我此时此地所成为的完整的、未删节版的样子。我此时就在打字，而你坐在那里看这本书或者电子书。你很清楚自己的故事是如何开始的，是在走上坡路还是下坡路。你知道这故事是难过的还是开心的。你知道哪些部分是有趣的，而哪些让你昏昏入睡。你很清楚，如果必要，你可以删减哪些事件和人物。这故事从你人生最早的记忆开始，并从那里展开。故事里有你的希望和担忧，你的胜利和失望，你所赢得的和失去的爱。你的每个秘密都藏在其中。还有你的梦，你记忆里的那些梦境也在其中。真是一部长篇小说呢，对吧？

那么，问题来了：你的故事始终是未解之谜，因为有一件事你是不会知道的，即便可以，你也不想知道——那就是这故事将怎样及在何处结束。而有另外一件事，你将不惜一切地想要知道：这故事的意义究竟是什么？

这就是本书将要讲述的内容。

当然，人生存在的意义是一个像大海般宽泛的话题。很明显，我们需要设定一些界限。这本书不会试图说服你去相信或不信任何宗教信仰或精神追求。我绝不会这样做。若你选择在一只蜘蛛身上看到上帝的安排，我完全没意见。我也不会试图用自己的价值观取代你的。若你坚信仅为满足购物欲望的"血拼"才能让精神充满意义，我也许不会为你鼓掌，但这是你自己的人生故事，我会祝你一切安好。

这本书要做的，是提供一种不同的视角，来审视人生故事是怎样形成的，这个视角适用于每个男人、女人，已经降生或尚未出生的小孩。这本书会尽最大努力来说明，是什么让人生故事变成有意义的东西，甚至可以流传到未来。

这是很大胆的断言，尤其是在当今时代。曾经，我们对于某些能够与个人故事相关的故事比较关心：古代神话和童话故事让我们认识到生命的不可预知，它们将勇气和想象力灌输到孩子的思想里。当然，还有《圣经》故事。《圣经》是一个宏大宽泛的故事，充满了教训和告诫。它指出了对与错的分别，它以某些章节来讲述如何克服困难和苦难，它包括成千上万、多姿多彩的人物。在包罗万象的故事情节的中心，有一位无所不知的主角，拥有无人企及的智慧和力量。此类故事为凡人的故事提供了某种鼓励。它为人类的故事在何处、以何种方式开启以及故事结束后会发生哪些事，奠定了基调。它不会絮絮叨叨人类的目的是什么，书中直接标明了这一目的：遵循《圣经》中写下的旨意。

然而，当我在跟人谈论的时候发现，大多数人都表示自己在盲目地前进。他们在生命的过程中创造着自己的人生故事。

例如，一位 26 岁的刑事司法学研究生说，她只有周日在教堂的时候才会思考人生故事的意义，其他时候很少会考虑。"这是一个让人难以承受的话题。"她说。

一位 35 岁左右的女社工说，她尽量不去思考人生的意义。一天到晚她都在和患有精神疾病或重大疾病的孩子打交道。

一位近 60 岁的男性——他提前退了休，搬到了气候温暖的地方，现在他有些后悔——希望自己之前应该再忙点儿。"关键是不要虚度时光。"他说道。

一位鳏夫，刚刚跟在相亲网站认识的女人订婚了，他说："到生命的最后，躺在临终的床上，我唯一会思念的就是我认识的和爱过的人们。我不认为事情会比这更复杂，虽然也可能有点儿复杂。"

曾经流行于全世界的伟大的古老神话不再流传，真有那么糟糕吗？

"没有任何榜样自己来创造人生，不是件容易的事情。"约瑟夫·坎贝尔[1]如是说。当谈到从神话故事中获得的智慧时，他从来都直截了当。他表示，如果没有榜样可以参照，我们就会迷失在迷宫里，在黑暗中摸索，在自己的人生故事里前进，就像从来没有人曾经拥有过一个人生故事。坎贝尔说，我们的故事今天存在的问题，就是没多少人的故事里有着"深深的存在感"。

但事情并不非得如此。

1　约瑟夫·坎贝尔（1904—1987），美国著名比较神话学家，也是一位极具启发性的导师、电视演说家和思想家。他探讨人类文化中神话的共同作用，深入研究世界各地文学与民间传说中的神话原型。著作有《千面英雄》和《上帝的面具》。

第一部分

开头

没有故事有力量，也没有故事永留存，除非我们内心认可其真实性，并适用于我们自身。

——约翰·斯坦贝克《伊甸之东》

01　与那个涂涂写写的人会面

　　此时此刻，有人在"阁楼上"陪着你。在你的大脑里，有一个小小的故事作者，安卧在你的脑沟回里，他／她是一位常驻作家，一位控制不住要涂写的人。若要在脑海里呈现这个荒诞的想法，你可以想象一个身材微小的人，坐在极小的艾伦办公椅上，拿着钢笔、铅笔或者等比例缩小的笔记本电脑。若你现在生活不如意——感情生活一塌糊涂，工作看不到出路，甚至正在失业——这位故事作者的书桌上可能还放着其他东西：比如一瓶威士忌或者一板药片儿。

　　你的故事作者正在进行一项无限期的工作任务：将你的记忆铸造成篇章，或者所谓的你的人生篇章。有些篇章注定冗长讨厌，比如不明智的职业选择，或者试探性地找医生咨询，结果却成了长达十年、每周两次的治疗。另有些篇章短暂却充满冒险，比如那个开车横穿全国的夏天，或者在多巴哥岛（还是特立尼达岛？）

上跟某某人度过的疯狂一周。还有另外一些篇章，在发生的时候看起来非常重要，现在你却惊觉是可以彻底遗忘的。比如，第一次的婚姻就是个经典的案例。

不管篇幅长短，内容有趣或索然无味，这些篇章都叠加成整体的故事情节。可能回忆起这些情节的时候，你发现它们是由不同篇章堆砌成块的。比如说，有个女人曾表示她将自己整体的故事分成三个区块，第一部分是"儿童时代"，第二部分是"身为人母"，第三部分是"个人时间"。在整个故事情节里，不管你如何组合这些篇章，总有重要和次要的角色登场和离场。你清楚地记得某些角色的具体细节，而另外一些却很模糊。英语老师会称之为"扁平"人物（粗略描写）或"丰满"人物（充分描写）。当然，你认识的一些"扁平"人物现实中体格丰满，而一些"丰满"人物却皮包骨头。无论扁平还是丰满，胖或瘦，特定的角色可能在你的人生故事里存在一天、一周、一年，乃至许多年，甚至无论疾病或健康，直到死亡把你们分开。有的角色存在的时间比整个故事都要长，有的则不会。太多的角色就像是从地球表面轻易地消失了，虽然你偶尔可以在 Facebook 上成功关注到他们。

将记忆转化成篇章的程序在你三岁左右就开始运行了。我说"三岁左右"，是因为正常情况下，人到那么大才会开始收集和储存长期记忆。记忆与故事的编写是携手并进的过程。但是，一旦故事作者在你大脑中安顿下来，他 / 她会在后台安静地涂写，就像运行某些程序一样。这项工作是持续不断的，一天二十四小时、一周七天、一年三百六十五天都在运行，直到生命的尽头，或者直到你的记忆消失，这时故事才会结束。

你可以将在自己脑海里涂写的人想成一位戏剧作家、影视编剧或者捉刀人，这都不要紧。这人也许是位女士，也可能是男的，这取决于你本人是男是女（在文章里我将交替使用他/她）。他/她也可能是变性人、有易装癖的故事作者。想一想简·莫里斯或者珍妮·莫克，只不过身型尺寸要比她们小得多。

至于这人有怎样的外表或者怪癖也完全无所谓。作家有举止怪异的特权。你的这位故事作者，可能像歌德一样古怪，每当坐下来写作时就渴望腐烂苹果的气味，并真的在写字台的掀板下面存放几个，任由它们腐烂。威斯坦·奥登写作时不断地狂饮茶水。詹姆斯·乔伊斯在废旧硬纸板上用蜡笔写作。真是形形色色、千奇百怪。不过，还是有些作家可以归为同一种类型，他们"始终摆动在自我怀疑与轻度偏执之间，或者是在对立的自负与自怜的情绪中"，朱利安·巴恩斯在《文学的创作》（Literary Executions）一文里如此写道。

我意识到你们有些人可能不喜欢"我脑海里住着一个自我怀疑又自作聪明的人"这种想法。我们有些人就是不喜欢家里住着客人，就这样；也有人会和"创作型"的人相处不来。若要对你"楼上"这位涂涂写写的人保持开放的心态，你可以将他/她想象成一位在办公场合能够帮你掌控自我的人。她是你——手里拿着一支笔——的首席主观幸福官（Chief Subjective Well-being Officer）。但无论你把她想象成放浪形骸之人还是首席主观幸福官，你人生故事的书写都是由这个人开启和结束的。通过将你的记忆整理成篇章，她能让你的人生看起来条理清楚、充满意义。当然，也可能正好相反。

我知道，你们有些人仍表示怀疑。在这种狭窄到可笑的地方，谁能完成任何事情呢？这不是问题。比如扎迪·史密斯就偏爱窗帘紧闭、密不透光的小房间，相比起来，大脑的沟回可能还更适于居住呢，你们不这样觉得吗？

你们中间肯定有人还不相信。你可能在想，嗯，这个人可能真的在一个古老的乡村墓地里度过了一些日子，但也就那样了。并没有什么阁楼上的故事作者。也没有艾伦办公椅，没有笔记本电脑，没有抽屉里装着烂苹果的凌乱书桌，没有盛着可能是伏特加酒的马克杯，没有塞满旧烟头的烟灰缸，也没有放着你三岁照片或者戴着大卫·克洛科特帽子照片的相框；或者穿着芭蕾舞短裙，或者戴着大卫·克洛科特帽子又穿着芭蕾舞短裙——假设这个常驻的故事作者取向比较多样。

你可能认为，"故事作者"只是个思虑不周的比喻，讲的也并非多么奇异的事情。你认为我们的故事进行下去以后，我会将她从书里砍掉。你只说对了一半。这个涂涂写写的人确实是个比喻，但她这个比喻不会被砍掉。无论在生活里还是在故事里，比喻都有其存在的价值。"比喻，"如米兰·昆德拉在《不能承受的生命之轻》里所言，"是不能被轻视的。一个比喻就可能孕育出爱情。"若一个比喻能有这样的作用，那么它就可以决定我们的人生故事如何呈现。

我是在某天晚上翻阅一本旧的《巴黎评论》采访集平装书时，开始想到涂写的人这件事的。有人问马丁·艾米斯这位英国文学界曾经的坏小子、现在喜欢沉思的中年父亲，他是否认为"自我与自信"对一位作者而言很重要（请不要翻白眼，谢谢）。"若我明天死去，"艾米斯回答道，"至少我的孩子们……会清楚地了解我曾经是什么样子，我的思想是什么，因为他们可以读我写的书。因此，在作品中可能存在一种存续不朽的追求，哪怕仅仅是为了你的孩子们。即使他们忘记了你的样子，也永远不会说不了解自己的父亲曾经是什么样的人。"

作者写就的故事在他人的生命中存活、延续，因此作者本人也以某种方式继续存在着，这个想法让我很感兴趣。我想，我们其他人呢？打从记事儿起，我们就在累积自己的内在故事。我们究竟为什么这样做呢？为什么不假思索地将事件和关系分配到不同的章节，提出这件或那件事情发生的原因，将某件事标记为"转折点"，为走进和经历了我们生命中的角色分配动机？是像艾米斯说的，为自己和他人展示真实的自我？我们是这样让自己的形象变得鲜活吗？是否存在着某种"运转着的不朽准则"，就像艾米斯说的那样？这时我忽然想到了，我们内心都有一个小小的"故事作者"，一个更小号的马丁·艾米斯！

有了这个想法后，我去谷歌搜索，看能否将之推进一步。我试着搜索了"人生故事""不朽""遗产"。这种杂乱的搜索最终让我看到了 YouTube 网站上的一段视频，里面是一位孩子气的教授和他关于新书的一段演讲，那本书叫《乔治·W. 布什和救赎梦——心理侧写》（*George W. Bush and the Redemptive Dream: A Psychological Portrait*）。介绍演讲者的教授表示，这是一系列相同主题演讲的一部分。此系列是关于如何"构建个人身份"以在生活中找到某些意义的。

考虑到小布什的心理传记不是本故事的中心，我将略过演讲的细节。但作为旁注知晓这些，再去想想布什那位"楼上的故事作者"怎么去写这位主人便很有趣了。每当被问及灾难般的伊拉克战争，布什总会说，他所留下的是非功过自己说了不算，这是未来历史学家的工作，决策者将由他人来评断。然后当布什离开白宫后，被问及为什么画一幅自己刮胡子、洗澡的画时，他说因为他想"留下点儿什么"。世上确实有一种运转着的不朽准则。如果他的画发挥了作用，那任务就完成了。

视频中的演讲者丹·麦克亚当斯讲得很有吸引力，对于布什的自我粉饰提出了尖锐的见解，所以我用谷歌搜索了这个人，结果发现他是西北大学一个名为"富利生活研究中心"的机构的负责人，跟我们在芝加哥的公寓在同一条路上。他是一位颇受赞誉的叙事心理学家，或者叫"人格学家"（personologist），此专业术语我之前从未听说过。

我订购了几本麦克亚当斯的书。书中他描述了一种称为"身份的人生故事模型理论"（a life-story model of identity）的观点，而抛开书中的学术用语不谈，这看起来正好是我在寻找的东西。这个模型记叙了一个故事——人们是怎样从青春期开始认为自己的生活是不断进化的。这个记叙故事让我们将"重构的过去"——即记忆中的事情——不管它是否准确——跟"想象的未来"连接起来。举例说，麦克亚当斯观察到，"救赎"是很多美国人个人神话中的一个重要主题——我们倾向于认为自己白手起家、东山再起、实现内心向往的自我。拿起一张报纸或一本杂志或最近流行的自传，去

People.com[1]或其他名人网站看看，打开真人秀节目或者黛安·索耶[2]特别节目，或者就是早晨睁开眼，你都会看到大量高调的救赎故事：政客、运动员、影星、沉沦太久想要重新振作的绝望主妇。比如莫尼卡·莱温斯基，她现在正在进行连年的、全国性的救赎之旅。首先是2014年她在《名利场》杂志上的个人忏悔（《羞愧与生存》）；接着她进行了TED演讲（《羞愧的代价》）；此刻莱温斯基在全国参加反欺凌专题研讨会的视频没准就在你附近的场所播放着。如今这是她的人生故事的立足点，她也将坚持下去。

不管主题是"瞧，我走了多远"，或者"我希望离开这个世界时让它变得比现在更美好"，或者"我想让自己隐藏的才能得到更好的开发"，或者"有时候我觉得自己像一个失去母亲的孩子"。不管故事的副歌部分是什么，麦克亚当斯说，我们创造的关于自己的故事，类似于一部"个人神话"。我们通过自己的个人神话来了解我们自身。神话里指出了我们所经历的事情和最终想要到达的地方。不管故事条理清楚连贯还是混乱不堪，每个人的神话都与他人的截然不同，尽管有可能出现同样的主题。麦克亚当斯说，他儿时个人神话里的愿望是成为职业棒球联盟芝加哥小熊队的游击手，而我想成为费城人队的二垒手。很明显，他个人神话里的人比我神话里的人臂膀要粗壮。但我们最终都没有进入美国职棒联盟，所以现在我们有了截然不同的个人神话。

---

1 美国《人物》杂志官方网站。

2 黛安·索耶，美国广播公司（ABC）著名电视新闻记者、当家女主播。这里是指她在ABC联合主持的《黄金时间直播》节目，每周一小时，由重要人物专访、突发性新闻报道、讨论问题等内容构成。

我相信自己关于每个人脑海里都住着一位故事作者来创造个人神话的这个观点会得到可靠的支持，因此我给麦克亚当斯写了封电子邮件，问他能否见面。我说自己在写一本书，有一个不成形（我当时可能写的是"在形成阶段"）的构想，但看起来跟他的研究相吻合。他非常慷慨地答应与我在西北大学校园对面的皮特咖啡馆会面。我们在那里就叙事心理学进行了亲切的交谈。他跟我介绍了他早期所受的影响，描述了他跟学生正在做的研究。研究涉及大量的田野调查工作，需要采访别人的人生故事是如何展开的。我们告别前，他对我未来的研究提出了建议。他的那些书证明，我关于脑海里故事作者的想法并不像听起来那么荒诞。

1. 一个人的生活故事或者说个人神话是在持续变化的。故事总会演变，所以你跟我都属于"半成品"。当个半成品并不容易，这可能会让人气馁，特别在人到中年的时候。"通往地狱的道路铺满了半成品。"菲利普·罗斯[1]这样说，因此他拒绝为《纽约时报》写他当时还未完成的生活。

2. 没有个人神话，我们将迷失在时空之中，谁又想要那样呢？心理学家说，我们每个人都生来就有一个"叙述性的思想"，这让我很庆幸（叙述性思想、脑海里楼上的故事作者，你想怎么称呼都行）。个人故事是将曾经的自己、现在的自己和将来想成为的自己连接起来的媒介。一位学者曾经说，"我是谁"这个问题是以"我将成为谁"为先决条件的。真正的作家已

---

1 菲利普·罗斯，犹太裔美国作家，1997 年因《美国牧歌》获得普利策奖，1998 年在白宫获颁美国国家艺术勋章，2002 年荣获美国艺术与文学学院最高奖项小说金奖。

经关注这个观点很久了。"我们的存在不是由现存的东西，而是由尚未发生的东西组成的。"西班牙评论家奥尔特加·加赛特表示。

3. 编写自己的生活故事，让我们可以将零散的事件变成有开头、过程和结尾的整体，唐纳德·波金霍恩如是说，他是这个领域里的头面人物。故事的顺序极其重要。当故事——电影、书、戏剧、人生故事等——缺少清晰可辨的开头、过程和结尾，我们会牢骚不满、困惑不解。故事也会变得不连贯或者缺少完整性。

4. 故事讲述与写作的能力是最基本的。故事"使我们成而为人"，我多次读到这样的说法。到现在，我已经数不过来碰到过多少让我们成而为人的东西了。了解人们终将死亡，会使我们成为真正的人。曾经也有人说，烹饪让我们成为人，虽然近期有研究发现，假如黑猩猩认为会有煮熟的红薯片端过来，可能会暂缓吃手里那些生红薯片。但是说故事让我们成人确实是有道理的。"我们的生命永不止息地被……我们梦想的、想象的或想公之于众的……故事……缠绕交织在一起，"波金霍恩写道，"所有这些故事在我们的生命故事中被改编，在生命故事中，我们以插曲般的，有时候是半意识的、基本不间断的独白对自己讲述着。"而这是关于脑海里的故事作者要做的事情的完美的、也许有点太复杂的描述。

当然，我细读的书本和论文里并没有任何信息讲到，有位蓄着胡须、独坐脑海内室、戴着角质眼镜和腕关节支架的人存在。

当然这些书里也没说他不存在。研究人生故事的学者承认他们并未获得所有的答案。也许他们应该跟真正的作者多花些时间聊聊，这些作者总是引用诗句，来说明生活是一个硕大、丰满、偶尔刺激、时常乏味、不易预见、偶尔有些意义的故事。

陀思妥耶夫斯基说："人怎么能活着而没有故事可讲呢？"

朱利安·巴恩斯在他的小说《终结的感觉》（*The Sense of an Ending*）里说："我们多么频繁地在讲述自己的生活故事？我们多么经常地调整、润色、用心删减故事内容？我们活得越长，就越少有人来质疑我们的描述，提醒我们：我们的生活并不是我们真正的生活，而仅仅是我们讲述的关于生活的故事。这些故事我们讲给别人听，但——更主要是——讲给自己听。"

再思考一下琼·迪迪翁在《奇想之年》（*The Year of Magical Thinking*）里说的，这本书是在她结婚 40 年的丈夫约翰·格里高尔去世后写作的——她不得不写。她说："这（本书）是我试图理解那之后的一段时间，几周甚至几个月里，那打破了我固有看法的一段时间，关于死亡，关于疾病，关于可能性和运气，关于好运和厄运，关于婚姻、孩子和记忆，关于悲痛，关于人们是否会面对或以何种方式面对生命即将终结的事实，关于理智的浅薄看法，关于生命本身。"为了理解这些深不可测的东西，迪迪翁说，她不得不写一版关于自己的、尚未写成的人生故事。几年前，她出版了一本作品集，名为《为了活着，我们在给自己讲故事》（*We Tell Ourselves Stories in Order to Live*）。它讲的是：我的生命，迪迪翁的生命，任何人的生命，只有当我们的故事作者将隐藏在楼上的零碎边角料巧妙地转换成叙述性文章的时候，才会感到有点儿意义。

02　在记忆车间内部

没花很长时间我就明白了，归根结底，一切都与我们留存下来的记忆有关。我们脑海里所维护的人生故事，在复杂度和细节程度上都令人惊奇。但这些故事是否"真实"，取决于记忆是否"真实"。它们是真实的？是也不是。事实有历史事实和叙述事实两种。并非自欺欺人，而是记忆确实难以把握。随着岁月变迁，人生故事里的事件和人际关系会变大变小，重要性也会有所增减。我们会很肯定一些事情发生了，但事实上它们从未发生过。"生活不是人们所经历的，而是人们的记忆及记忆的方式。"加西亚·马尔克斯在自传《活着为了讲述》（*Living to Tell the Tale*）中如是说。

不管这话有没有道理，记忆确实是会累积。我们在记忆中如此自然地穿梭，很容易就忘记了它们具体数量有多少，它们肯定被上传到了某个神奇的存档系统里，而你脑海里的故事作者可以从中提取信息，来创造不断延续的人生故事。

一回想到我们是怎么毫不费力地将记忆乱丢时，就会觉得这有多么令人震惊。举例说，如果你与我在酒吧相遇，互相介绍，我们会很快从庞大的记忆档案里挑选出最佳内容，并向对方展示我们是怎样的人；或者说想让对方认为我们是怎样的人。在我们互相介绍后，就开始交换彼此人生故事里的大量信息——就是叙事心理学家所称的"自我的进化故事"。

　　假设我比你爱啰唆，我会先开始讲话。可能我在开头会先讲我的进化故事中某个很小的细节，某件傻傻的事，比如多年前我与苏珊·萨兰登那次不幸的会面——她对我火冒三丈，但那件事不是我的错。我分享这件逸事不是为了自抬身价——虽然有时候我可能会。我之所以分享这件事，是因为它是我进化故事里有些尴尬、有点自黑的部分，是别人逼问的时候才会说的，尤其是借酒逼问。一位叙事心理学家也许会说，我偶尔把这陈芝麻烂谷子拿出来抖抖，可能由于它很好地反映了我现在的个人神话——即我虽然有点儿酷，但也不是个自恃甚高的人。再喝一杯酒，我可能会分享自我进化故事中某些摘要的信息洪流，大概比你本想知道的、比你愿意忍受去听的要多得多。关于我在费城的某间红砖墙连排住宅里长大，有个小小的前院，在绿色和橘色相间的凉棚下有个微型水泥露台；关于我的卧室墙壁上贴满了牛仔壁纸并用大学的院旗来装饰；关于上高中的时候，我因为要跑到校门口一步远的餐车买椒盐卷饼而被罚了十次留堂；关于我最终在纽约找到了一份很棒的工作，虽然这份工作需要我放下尊严；关于很多年后我是如何、在什么时间什么地点，遇见了琳达，或者关于奈德和凯瑟琳的这事儿、那事儿；关于职棒联盟成立的某些内幕，以及我们像傻子一样没有抓住这个机会赚钱；关于我们是怎样移居芝加哥的；关于我的狗狗"软木塞"（土狗）和伍迪（匈牙利维兹拉犬）的暖心回忆等。即使我说几个小时，把你耳朵说破，你获得的信息也只是我的个人进化故事的部分片段。

当我们喝到第三、第四杯的时候——顺便说一句，你也会跟我讲述你的生活，或者你会想试着跟我讲——我可能会讲到个人生活的小细节，比如我为什么、什么时候——在左肩上文了一只小海豚——在那很久之后，不大会文身的人去文身这件事才变得流行起来，然后由于我的文身师傅后来也帮詹尼斯·乔普林[1]文了身，这件事就更流行了；还有关于我最喜欢的十位费城老鹰队队员；或者关于我儿时常做的两个梦：一位开校车的神父一直想开车撞我；我在地铁上遇到二年级时认识的一个女孩，但我没穿裤子。

听了我个人神话里的那么多细碎片段，你会突然想起来你约了人要迟到，然后准备埋单，希望你越早想起来越好。这时候你已经了解了我的很多事情，但跟我脑海里楼上的故事作者所知道的相比，还不到一个小分子。

关于这件事，我的理论是这样的，很久之前的某时某刻，我们给了脑海里的故事作者一项安全许可：贵宾室、后台、内室，仅供收件人亲阅的、一级保密的都可以去看。这项许可让脑海里的作者可以毫发无伤地获取认知科学家所称的"自传式记忆"。由于这项非同寻常的许可，没有其他任何人能了解我们跟它一样多，

1　詹尼斯·乔普林，美国女摇滚歌手。

甚至包括美国国安局，包括谷歌。父母、伴侣、伙伴、孩子、兄弟姐妹、曾经的爱人、诊疗师、神父、朋友、邻居和办公室的伙计们，对你的个人故事了解的程度都不同。其中有些人了解事实（或多或少），其他人知道的都是洗白后的版本。

你脑海里的故事作者知道一切。如果她终究要出卖你，就像那些出了名爱走极端的作家，那她将会变得极度危险。你将无法想象自己被暴露在外的程度。任何网络身份攻击都不可能比得上你脑海里的故事作者在"发功"时造成的情感创伤。她掌握你的记忆——是的，甚至连很隐秘的事也知道——这仅仅是冰山一角。她了解你的恐惧，在某些方面甚至比你自己更加了解，因为她不会拒绝承认某些事实。她洞察你每一刻的欲望。她明辨你生活中的人孰轻孰重，尽管你可能会伪装。她掌握你狂喜的时刻、孤寂的时刻，即使你巧妙地隐藏情绪。

我们，还有脑海里的故事作者，是怎样将记忆保存下来的呢？它是怎样的一个过程？我们的记忆如何在需要时被归档、检索、重新储存，随时间修改、删除，从回收站中恢复的？尽管科学家仍在研究人类是如何做到这些的，但我们从笛卡尔时代至今已经有了长足的进步。笛卡尔在 17 世纪提出的人类如何制造记忆的想法，比我的故事作者理论还要古怪。笛卡尔认为，大脑中的松果体是人类意识的中心。松果体表面的"动物本能"创造的记忆形式或印象，让我们看到已经不在眼前的物体的形象。

再快进到今天。我们已经取得了跨越式的进展，不要再提松果体了。神经心理学家埃里克·坎德尔由于"在神经系统的信号传导方面的发现"在几年前获得了诺贝尔奖，这对我们理解脑细胞的工作原理而言是一项巨大的突破。他取得这项发现的方式也令人称奇——通过观察黏糊糊的大型海蛞蝓的电突触方式。根据记忆的方式不同，我们的神经活动（可能也是黏糊糊、迟缓的）在大脑完全不同的区域发生。比如说"速度与激情"类的记忆，例如你毁掉了父亲的别克车的那个晚上，这样的记忆是扁桃形结构，周围会闪烁。那些高度紧张的、令人兴奋的记忆也是如此。神经学家认为，这样的记忆会在毫无前兆的情况下被记起，就像"闪光灯"一样。我们脑海里的故事作者在描绘这些记忆时需要格外当心，因为这时候他们经常粗犷到离谱。

无论如何，关于大脑如何工作的研究已经取得了重大进步，而在接下来的几十年里都不会取得如此巨大的进步了。弗朗西斯·克里克，DNA 双螺旋的发现人之一，曾预言说最早到 2030 年，人类将完全理解大脑是如何产生意识的。我不知道你什么情况，但我没有时间等到那会儿了。这也是为什么在当前情况下，我还是选择去想象可能有个小人儿坐在电脑显示器前的瑜伽球上，或者其他更简单的方式。她轻触按键，调出不同的记忆，然后编辑每段记忆或记忆片段，就像剪辑师剪辑电影一样。通过 PS 图像处理软件之类的程序，她可以自如地剪切润饰记忆。

科学家们会反驳我这个观点，那是当然。他们认为，记忆与快照图片或者视频片段完全不同。认知心理学家坚持认为，你的人生故事是由"具体的、有创造性的"的形象和认知组成的，而不是"真实事件的原始印记"。确实，若进行科学审查，关于"脑海里楼上的故事作者"的整个假设便遇上麻烦了。并非由于大脑研究学者和分子生物学家否认人生故事的重要性。恰恰相反，加州大学洛杉矶分校的神经学者认为，记叙性构成是"人类经历的不可避免的框架"。然而科学家终究是科学家。他们要求可以被实验和证实的证据，而迄今为止也没人在大脑里发现看起来像故事作者的东西。每当科学家使用常规的神经成像设备来检查大脑时，每当脑外科医生打开头颅直接用眼观测内部时，他们能看到的只是一堆含有上亿神经元的、约 450 克重的果冻状物质。看不到艾伦办公椅，没有笔记本电脑，没有黄色的拍纸簿或者索引卡；没有关于是否有来世的文稿；没有马斯洛"需求金字塔"形状的镇纸；没有咖啡渣，没有烟卷没有酒，也没有绿色小药丸。没有证据证明那 450 克重的果冻状物体里存在着一个脏兮兮的故事作者。

但是，仅因为人们尚未发现任何确凿证据，并不能说明这个故事作者不存在于大脑中，灵巧地藏匿着自己（如我所言，他真是很小很小的一个人，虽然他穿着双大大的马丁靴）。但是，让我们先停止争辩。我不会建议这位外科医生应该去检查下眼睛有没有毛病，或者抱怨那台功能性磁共振成像仪有故障。只有傻子或者执迷不悟者（有时候这俩是一回事）才会打赌认为未来科学会输掉。终有一天，我们会清晰地了解"一团能放在手掌上的 450克重的果冻，是怎样能够想象出天使，思考无穷的意义，甚至怀疑它自己在宇宙中的地位"的，神经学家拉玛钱德朗曾如此信心满满地说道。

归根结底，我们会为取得的科学进步鼓掌，但可能不喜欢它引领人们所获得的观念。个人来讲，我更加相信我们最重要、最珍视的回忆的确是真实无误的。那些记忆就是我本人，而你的记忆就是你。只要我们保留那些精确的、壮观的细节，你我就始终是自己想成为的样子。若在重要的记忆是不是生活的真实印记这个问题上逼问太紧，你就会开始怀疑自己是否真是我们认为的样子。个人而言，我宁可不要走到那一步。

如果说我们关于记忆有一个共识，那就是，记忆通常是十分不准确的。有些人认为，每当你找出一段记忆，它都不再相同了。它变成了一段有关旧记忆的新记忆。有人会告诉你，那些我们以为是记忆的，甚至根本就不是记忆，而是我们一遍遍重复的真实体验。每当我们记起某些东西的时候，都在重新构建这段体验。

不管记忆是什么或不是什么，是在哪里以何种方式存储，记忆都是不断变化着的。在一本关于自传式记忆的书里，约翰·柯垂描述了随着时间推移，记忆是如何重新写成被我们当作现实的东西的。我们遇到过的好人，在记忆里变成了更好的人；坏人则退化成更坏的人；一把小贝斯膨胀成一件大乐器。柯垂讲道，人们都会说"我们总是这样做"或者"我们从没那样做"，而事实上我们从不这样做，而总是那样做。但我们不是真要撒谎，对吧？比如，我曾告诉别人，我小时候总是运动队中最年轻的队员。但由于我年纪小、个子矮，队里也不怎么让我上场，总是坐冷板凳。我真是这样认为的。但如果你仔细调查下我在位于波科诺斯的亚瑟夏令营的运动经历，然后挖掘到我在校队或社区临时运动队的表现，你会发现只有一次——我是运动队中最年轻的队员（申明一下，是亚瑟夏令营的运动队）。那我为什么要说自己"总是"队伍中最年轻的队员但没上过场呢？因为这样说，帮助我定义了现在的我。我想让你们知道我是运动型的，但又不是那么擅长运动。

另一个例子：我总是发誓来发誓去，说我从来没有在学校考试时作过弊。我也真的相信自己从没有作过弊。但是，我也有理由确信小学考试中有几次我偷瞄过珍妮·马拉默德的试卷（珍妮是个天才，从来没做错过题）。那为什么我删除了关于偷瞄的那些记忆呢？约翰·柯垂引用一位发展心理学家的话提醒我们说："当毛毛虫变成蝴蝶，它就不记得做毛毛虫的时候了。"在我的脑海里，自己是个完全成熟的、有道德的人，事实上真不记得曾小偷小摸过任何东西。

脑海里楼上的故事作者并不是要通过修改我们的记忆来散播谎言。她只是尽力创造连贯统一的故事。她轻轻地抖动记忆，将一些记忆抬高，将另外的贬低，这是为了不让记忆自相矛盾，或者使整体的主题变得模糊。若你因为考试不及格退学而不得不干一份糟糕的工作，你可能会忘掉关于自己嗑的那些药的记忆，而只记得你妈曾经说你是那种在传统教室里学不好的学生。或者你会清楚地记得，现在已经是你前妻的她，说需要自己的空间，而不记得她曾多少次告诉你嚼东西的时候不要张着嘴。故事作者让某些记忆优先于其他记忆的时候，只是想帮你一个忙。

"每个关于观念的行为在某些程度上都是创造力的行为，每个关于记忆的行为在某些程度上都是想象力的行为。"杰拉尔德·埃德尔曼这样认为，他是一位获过诺贝尔奖的生物学家，而你的作者不用上生物课就能理解这件事。"当讲到过去的时候，每个人都在写小说。"斯蒂芬·金的小说《乐园》（*Joy Land*）的主人公这样说道。也许这种说法有点儿过了。如果你问我，我认为人生故事更像一部非虚构性小说。

当今社会有很多关于"人类记忆正被围攻"的讨论，若此话当真，这对于我们确保人生故事的连续性会是一个严峻的挑战。科技使人类变得愚蠢，有些科技则使人烦躁。人们担心的是，既然每个人口袋里都放着搜索引擎，我们就不需要像以前一样记住那么多的东西。若能简单地谷歌一下，那干吗还需要记住呢？某些功能一旦不用就会丧失，因而我们的记忆就会萎缩。曾有人这样担忧。

这是让我们紧张的理由之一。另外一个理由，是有人认为我们的"交互记忆系统"正在消逝。交互记忆系统是指两人或更多人可以使用共同的记忆存档。如果其中一位不知道或记不起来某件事，身边其他人可以填补这段记忆空白。曾经，人类就是这样来记忆很多事情的。要去调查什么东西，第一件事就是要询问别人。已故的简·斯塔福德，她去世前几年在帮《时尚先生》审稿时，告诉我说家里有个人——她的丈夫利布林是位新闻工作者——家里有个什么都懂的人真好。每当斯塔福德自己写故事需要某些信息时，她就走到楼梯口，往上喊："嘿，乔！那个某某是什么东西，或者某某是什么人？"她要的答案就会从楼梯上大声喊出来。

在过去，交互是人与人之间的，而不是人跟 Siri 语音之间的。当一个人记不起来的时候，交互记忆系统里的其他人还记得。你的父母关于你的记忆组成了一个小规模的交互记忆系统。家庭中几代人住在一起，每天都有接触，他们将记忆集中，通过讲故事将记忆保存下来，总计合成规模更大的交互记忆系统。你不知道吗？那去问奶奶吧（但要大声点儿）。

眼下的问题是，我们不再几代人住在喊一声就能听到的范围里。我们也不再以部落分布，相比于单个家庭，部落是更大规模的交互记忆系统。我们确实生活在"品牌部落"里，但我很怀疑跟我同样用苹果电脑的人能否告诉我我母亲这边的亲属到底来自白俄罗斯的什么地方。除了知道母亲来自"俄罗斯的某个地方"，父亲来自"奥地利的某个地方"，对于自己的籍贯我一无所知，我也希望自己能知道。若能将人生故事放在更长远的历史背景里，会令我的故事更有意义。比如，如果我知道家族中曾有人英勇抵抗蒙古部落入侵，会让我感觉更多——更多什么呢？更多与时间的无穷弧线相连接，或者说类似这种事。亚瑟·叔本华说："令人惊奇的是，我们突然出现了，而在数千年前人类是不存在的；很快我们又变得不存在，也将不复存在数千年。我们的内心说：事情不该是这样的。"若我能知道自己的血统可以追溯到古老的大草原，我大概不会再觉得自己是个匆匆过客。但现在已经无人可问了。我唯一能求助的就是上网，我也的确这样做了。我在族谱网站没有找到更多内容，因此只得从我读过的历史书里和确实不与我沾亲带故的人的自传里拼凑信息碎片，比如希特勒和斯大林的自传。多亏了他们的人生故事书，我得以推测出我父亲的家族是于19世纪迁到奥地利的，是俄国、匈牙利和巴尔干半岛的犹太人往奥地利大迁徙的一部分。而这仅仅是个开头。至于母亲这边，我仍然不知道她的家人是来自明斯克还是平斯克，但多亏谷歌地图，至少我知道了明斯克和平斯克在哪儿。

但是说实话，科技在给予的同时也在攫取，它是一把双刃剑。

科技也许会导致记忆萎缩，但同时也能让人的记忆存储更加宽松。某天，我想听听作曲家理查德·罗杰斯为电视纪录片《海上的胜利》（*Victory at Sea*）谱写的配乐，20世纪50年代初这部片子曾在NBC热播。我跟我父亲从未落下过一集；回想起来，这是很有意义的养成亲密关系的体验。感谢科技进步，我轻轻点了几下鼠标，就在Spotify音乐平台上找到了这首配乐。当前奏——《强浪之歌》——响起的瞬间，我立刻被传送（或者说被护航）回了费城的惠特克大道上。我能看到起居室里电视机上的调音旋钮。我还能看到从小小早餐室的下拉式顶棚倾泻下来的阳光；还有用来调整拉绳的蛋形部件，它和父亲第一次心脏病发作那天安装的一样。我看到了房间角落的笼子里，我家的金丝雀"小叽喳"正在啄墨鱼骨。唤醒这些记忆只须重播《海上的胜利》，这我动动手指就能做到。

03　审定版与未删节版

　　爱德华·摩根·福斯特的《霍华德庄园》被称为架构最好的英文小说之一，他曾写道，我们以已经被忘却的体验开启人生，以期望却并不理解的体验结束人生。他还将写成的故事定义为"以时间顺序排列的事件记叙"。这道理大致上也适用于你的人生故事。你的人生故事是按时间顺序排列的记忆组成的记叙文。

　　按时间顺序编排内在的人生故事，不是一件简单的工作。与现实中的作家不同，你脑海里的作者不能直接胡编乱造。她不能凭空创造出有趣的角色，也不能跨世纪地颠倒叙事。她不能像魔幻现实主义作家那样在故事里加入一只会说话的猪，她也不能像科幻作家一样引入残暴的火星人。阁楼上的作者必须设法利用已有的记忆来写作。尽管这位作者处理你的记忆时可以有、也会有合理的自主权，但是她描绘的必须是似乎真正发生过的事情，不可以越过这条底线。与现实中的作者不同，阁楼上的作者不能打一个响指、用一个浮夸的特技谢幕，或者写一套低劣的把戏，比如主角是从噩梦里醒来，从此幸福地生活下去。但你的人生故事也确实需要最终取得成功，得到某种方式的回报。不然还有什么意义呢？

要理解你的人生故事是怎么形成的，先让我们想象这个故事是以一本书的形式出现的。我不是第一个想到这个点子的，也不会是最后一个。将人生故事想象成一本书，先让我们确保它不会从锁线处散架。确认这一点后，请继续想象你的书是从空白页开始的。为什么空白？用神经学家安东尼奥·达马西奥的话说，因为你尚未"踏入聚光灯下"。他把大脑认知某件事的瞬间，比作演员从舞台两侧的半暗灯光中突然亮相，面对灯光和观众的一刹那。

哲学家与科学家对人生起始时的空白程度有不同的见解。有些理论看起来跟"脑海里故事作者"的假设如出一辙，所以我当然更倾向于这些理论。哲学家约翰·洛克说过一句很有名的话：人生起始时是完全空白的一页纸，上面没有任何预设的内容。新生儿的思维就像白纸，"没有任何特征"。"那它是怎么被布置完成的呢？"洛克这样发问。一言以蔽之，通过经验。我们活到老学到老。

其他的伟大思想家提出了不同的理论，探讨人类出生时究竟是一片空白，还是有某种程度上的或者可选择的思维预设。语言学家诺姆·乔姆斯基提出的理论认为，人类生来就原厂配备了某种主机板，一种提前预设的"语言习得机制"。你可以设想在脑海里的作者工作的地方旁边有个微小的 IT 柜。隐喻中的母板可以用来解码语法结构，这就使得人们能够理解并创作故事。之后，乔姆斯基发展了他的理论，提出有种类似于"普遍语法"的东西（尽管英语跟 Liki 语发音听起来有天壤之别，那是一种印度尼西亚某个小岛上只有 5 个人会说的语言）。故事作者的理论在人类语言能力如何形成这件事上持中立态度。反正我们就是有语言能力，而且若要对自身有任何的认识，我们也必须具备语言能力。

但是，再回到我们想象中的那本书上去：在封面上有个漂亮的婴儿，甜甜的、胖乎乎的，天使般的小脑袋上顶着新生儿的小童帽（粉色或者蓝色，你自己来选）。当然，这个婴儿就是你。是你，但又不真的是你，不是现在的"你自己"。这个婴儿会演变成你，成为你今天眼中的"你"。即使还有些欠缺，但那个小小的你也已经受住了一次"存在危机"，即众多危机中的第一次，心理学家罗洛·梅如是说。那次危机是什么呢？就是你可能根本不会出生。但你已出生，所以危机解除。罗洛·梅认为，通过了这次严峻考验，你已经踏出了创造自己个人神话的第一步。它具备经典个人神话的所有特征。你命中注定要正面抗击种种阻碍与苦难，你已准备好探寻真理与目标。从这层意义上来说，你人生起始时已经有了一位好伙伴，罗洛·梅认为这实际上跟摩西被发现浮在芦苇丛里的水面上或者耶稣被发现在石槽里是一样的。但是，嘿，不要给自己太大压力。

重点是，你现在存在了，郡书记官签署的出生证明确认了你的存在。你会有一个名字，也可能还没有。当你有了名字，也许是与你现在或已故的某位亲属同名，那么他的人生故事在某种意义上也因此延续了。无论你叫什么，可能还会有一张印着你两只小脚丫的出生纪念证书来进一步记录你的存在。你那双小脚丫在这个阶段可没有任何用处，你自己哪儿也去不了，而且这将持续一段时间。你就像动物王国里乳臭未干的幼崽，无助得不能再无助了。你还不能搜集记忆，你连最基础的句子里最简单的词都搞不定。你还远远没有准备好迎接这个世界，但你确实很可爱，足够拍一张非常吸引人的宝宝封面照。

在封面上你超级可爱的脸蛋上方，印着这本想象中的书的书名。作为一个有强迫症的编辑，我在选一个可行的好书名上犹豫了很久——不需要太花哨或者抖机灵，我们说的可不是过期的《时尚先生》。我本来要用《我：一个生命》（ *Me: A Life* ）作为书名，但感觉那样过于概括与平淡。《不朽的自我：生与死》（ *The Life and Death of the Enduring Self* ），感觉好了一些，但是盯着看一会儿，我觉得那听起来有点，怎么说呢——夸张。而且用"死亡"这个词让我有点困扰。所以我稍微改动，变成以下这样，这对于我们要讲的内容已经足够了。

《不朽的自我：生命与时代》[1]

我们的书名已经就位，可以填充书页内容了。我们一起来看看。首先应该写什么呢？图书编辑通常会告诉你，最好以序言来开场。它为一切内容提纲挈领，提供有用的语境。所以花时间思考一下，你的人生故事真正是从何时何地、以什么方式开始的？这不是无

1　原文为 The Life and Time of My Enduring Self。

意义的问题。如何提出你的背景故事，对于你所期望的人生意义，起着决定性的作用。你可以认为，你人生故事的开启方式要带些神秘感，或者你认为宇宙不要总是神神秘秘的，那也行。在没有更好的内容时，你总可以用序言来简单交代：你的生命故事始于一次结合，一次随机的碰撞，一次极微小的——连轻微交通事故都算不上的——发生于输卵管壶腹部的撞击。

但你们中有些人可能觉得，以"结合"形容人生故事的开端仅仅是差强人意。你会在序言中详细讲述你的人生故事的开始，在那轻微的撞击之前，根据你掌握的信息，那次碰撞可能是在汽车旅馆或者在一辆纳什漫步者车里。你可能觉得有必要在前几页来鸣谢与赞美你人生故事的真正作者：我们天上的造物主（Our Author）。

你们中的另一些人不会那样写序。你们崇拜科学而非超自然力量。因而你可能会在正文前讲解你的人生故事是怎样从爆发到太空中的亚原子微粒而开始的。不管是什么事儿，反正有东西爆炸了。在爆炸的火花或其他东西之外，发生了一系列连锁反应，最终才有了封面上那个婴儿的脸。

还有另外一些人，可能会用序言来强调自己或其他人对于人生故事开启的方式与缘由都没有任何模糊的想法。人类学家洛伦·艾斯利认为，我们都是宇宙的孤儿，坠落到星系中漫无目的地徘徊，头上盘旋着思想的气泡。气泡中有一个问题：我是谁？可能还会有人在文前说：当然了，我有个名字，有出生证明，肯定也会有社保号码、驾照、护照，最终会有退休协会的会员卡，但实际上并不存在我。或者说，每个人都是我。又或者说我是由别人一点一点组成的，我所谓的人生故事也无非是一个叙事体的中微子，镶嵌在无尽的长篇故事里，故事的名字叫《曾经走过世界的人》(*Human being Who Ever Walked the Earth*)。

你的人生故事可以用任何你喜欢的序言来开启，然后用自己选择的信仰体系一以贯之（假设你有自己的信仰）。让我们先同意"每个人能记住的人生故事，都是从我们最初的记忆开始的"，当我们开始有能力理解和创造故事时，也就拥有了最早的记忆。记忆与故事无可避免地相互连接着。

若你是个脾气暴躁、叛逆的人呢？如果你根本不想写什么人生故事呢？叔本华写道："我们在疯狂的世俗欲望里产生，在所有身体器官消亡、尸体陈腐发臭时结束。"他在哲学上永远如此阴暗。若人生如此空虚，又何苦书写人生故事呢？因为我们没有选择，这就是原因所在。即使生命不是应我们的要求而产生的，我们依然被迫手书着人生故事。我们注定必须这样做。这也是为什么从解剖学上看，头颅中有一个预留的小空间，留给某样东西或某个人，将记忆整理成章节再组成情节。这是否是有意为之的呢？除非我们想象的书里大多数页面都被填满了，否则我们无法确切了解人生是否有意义，幸运的话，距离填满它的日子不会很远。"让我们等待人生故事书的版面校样吧！"弗拉基米尔·纳博科夫在被问到人生的意义时如是说。

04　最初的草记

　　丹·麦克亚当斯在《我们赖以生存的故事：个人神话与自我建构》(*The Stories We Live By: Personal Myths and the Making of the Self*)中说道，他在为发展心理学班级上第一天课时，给学生们布置了一个非同寻常的任务：写一篇关于你离开子宫第一天的假设性的期刊文章。读到这里我想，真是个好主意！如果回到在《时尚先生》做编辑的时候，我真的会采用这个选题。我会给某位作家打电话，让他尝试写一篇这样的文章。菲利普·罗斯会是个合适人选，他会写出相当了不起的文章。

　　杜鲁门·卡波特[1]？那就更好了。对于描写 1924 年 9 月 30 日下午 3 点以后的几个小时在新奥尔良的杜鲁医院发生了什么，卡

1　杜鲁门·卡波特 (Truman Capote, 1924—1984)，美国作家，幼年身世坎坷，11 岁开始文学创作。1958 年其成名作《蒂凡尼的早餐》出版，奠定了"战后一代最完美的作家"的地位。

波特会很感兴趣。假设卡波特接受这一选题，交来写好的文章——能否交稿对于他来说永远是个假设——我相信他的描述将令人难忘，并且有很浓的南方哥特风格。杜鲁门的母亲叫莉莉·梅，她从来没想过要这个小孩，但她拖了太久，再堕胎已经不安全了。杜鲁门的父亲叫阿奇，他确实想要个小孩，但他是个完全不靠谱的人，诡计多端、戴厚底眼镜，搁在哪个产房都是出彩的角色。莉莉·梅与阿奇这一对，完全不是琼·克利弗和沃德·克利弗[1]那样典型的乡村父母。卡波特儿时最大的恐惧就是被遗弃，所以我确信他对自己出世第一天的描写会是忧心忡忡的。我也同样相信，他会将手按在《圣经》上起誓，说每个小细节都是完全按照现实经历来展现的。

实际上，你的人生故事——你记忆中的故事——并不是从生命的第一天开始的。你真以为自己记得呱呱坠地和婴儿学步时的事情，但其实你不记得。圣奥古斯丁，一个毫无疑问比我们更接近上帝的人，都不记得人生最初的几年，他在《忏悔录》(*Confessions*)里大方承认过。

对其他人来讲也一样。在人生最初几年，我们确实收集了一些记忆，但是出于还不能完全理解的原因，这些记忆蒸发了。我们以为自己记得刚出生那几天或几个月的事情，是由于我们的大脑从父母、祖父母和哥哥姐姐后来的讲述中创造了记忆。相册里的老照片也会从角落里冒出来，让我们以为那是真正的记忆。或

1　克利弗夫妇（June and Ward Cleaver），20 世纪 50 年代美国黑白情景剧《反斗小宝贝》（*Leave it to Beaver*）中的主人公。该剧通过一个四口之家树立了美国中产阶级家庭标准的道德观，夫妻相敬如宾，育儿宽严得当。

许还有其他的解释：你脑海里的故事作者把日子记混了；你的想象力太过活跃；你在服用管制药物等。

一岁之前，虽然你还未存储记忆，但已经开始形成模糊的"自我"意识。这个初级的"自我"并不是真正的自己；那是袖珍版的自我，并不知道有一天终将成为那个可悲的、令自己厌恶的完全版自我，当然，让我们希望不会如此吧。每当你跟照看你的人分享自己的"主观感受"时，那个羽翼初生的你都在进行自我表达。你主观的自我因此可以与人进行交流，虽然不是通过语言。比如，你的微笑会让你母亲的脸展露出无限的欢乐，这将是她余生都会珍视的时刻——虽然你在这事儿上并没什么功劳。

又过了大约一年，你将意识到自己开始真正地发展。有一天你会意识到自己有一个身体。你会开始探寻身体上最不可思议的部分。（发育中的）人类思维存在于动物性的身体上？怎么会这样呢？若你这样问自己，思考自己的人性与动物性之间明显的脱节，那就是你第一次凭本能去探寻自我存在的意义。

正如我所提到的，我们直到3岁左右才开始存储自己记住的人生片段。当然一开始十分缓慢。差不多同一时间，你脑海里那个精神抖擞的故事作者开始工作了，尽管工作得挺随意。她还太小，没法坐办公椅，只能蜷缩在豆袋沙发上涂涂画画。这时你开始形成对故事的喜爱和需求——当你某天醒来就着了魔，成了故事的瘾君子。小说家保罗·奥斯特说："孩子对故事的需求与对食物的需求一样，都是最基本的。"

若你为人父母，我相信你曾经历过孩子对故事突然形成无法满足的胃口。有多少个夜晚，你3岁的孩子逼着你给他一遍又一遍地读《晚安月亮》，而你想做的只是慢悠悠地喝着苹果马汀尼，看着《唐顿庄园》或《纸牌屋》。因为自始至终我们都是故事的瘾君子。"当我们还小时，别人给我们讲故事，填补我们醒来到睡去的这段空白时间。"约翰·契弗写道，"我们给自己的孩子讲故事也是出于同样的目的。当我发现自己处于危险中——比如在暴风雪中困在滑雪缆车上时——我就会马上给自己讲故事。当我觉得痛苦时，会给自己讲故事。我觉得到我躺着迎接死亡时，也会给自己讲故事，以此来连接生与死。"

也是在这时，大约3岁时，我们开始创作故事。故事可能非常短小。玛格丽特·阿特伍德曾与其他作家一起受邀参与《连线》（Wired）杂志的超短篇故事创作，仅能使用6个字。她交出了一篇登峰造极的经典故事，题目是"包法利夫人"："想他。得到了。呃。"任何蹒跚学步的儿童，这时候已经有上亿神经元在活动了，都可以仅用3个字创作出一个故事："我便便。"在能掌握更高级的叙事结构之前，"我便便"是3岁小孩会说并且难免多次说的故事。"我便便"可能听起来很原始，但它满足了学者定义的合格故事的标准：

1. 有人物（这里是"我"）；

2. 有目标或愿望的陈述（"便便"或"便便了"）；

3. 有与目标或愿望相关的公开行动（要去或去过了），最终实现或不能实现上述目标或愿望，即去便便。

你和你的故事作者，从现在起要走上有故事的未来了。从这里开始，你的故事将不仅用来愉悦自我，同时将向别人或你自己诠释自我。叙事心理学家认为，你的人生故事是关于你如何"自我延续"的。只要记忆可以自由流动，你就正在写作人生故事；但若你的记忆流动受到影响，你在自我延续上就会遇到麻烦。这可能导致你迷失方向，或者更糟——完全丧失自我认同。

尽管我们早期的自传式记忆非常不可靠（一位小说家称之为"被遗忘的海岛"），依然有人认为早期记忆的意义重大。我们的早期记忆既非偶然发生，也非无足轻重。

阿尔弗雷德·阿德勒，他与弗洛伊德曾由亲近变得刻薄——精神分析学的先驱们很难和谐共事——他认为我们早期的记忆将在很长时间里决定我们人生的基本观念。阿德勒表示，早期的记忆形成"故事导言"的一部分，坚定地贯穿《不朽的自我：生命与时代》。我们所认定的自己"最早的"记忆，即我们个人自传的开始。

我就像留着胡子、戴着夹鼻眼镜链的阿德勒，到处找人与我分享早期的记忆。上周我还问了一位朋友，她是一位人缘很好的成功记者，也是一位贤妻良母。她一口气讲述了最初的回忆，她6个月大时被困在帐篷里，里面有条满是怒气、咝咝作响的蛇。我告诉她这不可能。我解释道，你只是想以此作为故事导言的主观起点，这个故事导言也就是你本人。然而她非常坚决地声称自己记得那条蛇，好像它前天还对自己咝咝作响一样（当然如果是弗洛伊德，他会对"蛇"这件事极尽嘲讽）。而阿德勒会说，即使咝唑作响的蛇完全是"幻想出来的",这段记忆对于我朋友满足某项需求或压制某种不安全感依然十分重要。他可能会说,我的朋友创造了那条蛇作为她最初的记忆,因为这样她的人生故事就只能力争上游了。相反地,我从麦克亚当斯的书中读到,如果你选择的"最初记忆"快乐得令人怀疑,可能是由于你主动地让它成为你的最初记忆,从而为你的人生奠定一个下滑的基调。

我女儿凯瑟琳是位沉着的年轻职业女性,她说她最早的记忆是穿着白色的、印着蔬菜图案的泳衣在泳池中撒尿。我倒是很好奇阿德勒会怎么看这事儿。

我有一位老朋友,一位尽管经历了令人心疼的意外(房子着火,在加勒比海染上少见的热带寄生虫病)仍然对生活感到满意的女性。她讲述了这样的早期记忆:"我爷爷在家里病危。我那时3岁多一点儿,父母把我送到远房亲戚家里去。他们的父亲是一位精神病专家,每天晚饭后他会把我扛在肩头,从厨房里提起垃圾,把我带到后院说:'我要把你跟垃圾一起丢掉。'我记得自己尖叫、踢打,每晚都很惊慌。从那之后,每次父母带我离开家,我总会在厨房放半杯牛奶,或者在卧室放着玩到一半的游戏,想着这样父母就必须把我带回家,让我完成它们。"

早期记忆通常是极富戏剧性的。是我们为了效果而将其放大了吗?罗纳德·里根总统在不同场合提起过,他有不止一段而是两段的喧嚣的早期记忆。一段是在伊利诺伊州的盖尔斯堡,他在某个炎热的夏日差点被货运列车轧过。另一段是被带去围观一艘客轮在芝加哥河上的翻船事故,超过800人丧生。

即便你不问我也会告诉你我最早的记忆,并尽我所能准确地描述它：母亲带我到市中心购物。我们在 Horn & Hardart 自助餐厅吃了午饭，这里是我们常去的地方，现在已经没了——投入硬币后就有小玻璃窗打开，里面有你最喜爱的食物，我最喜欢的是凯撒面包夹口条的三明治。午饭后，我们走到费城最大的百货商场之一——John Wanamaker 或者 Strawbridge & Clothier，这不重要，这两家商场现在也没有了。母亲牵着我的左手，通过自动扶梯往上走。由于我在发呆或者分心了，或者拖拉地在后面抱怨说无聊，或者也许累了、饿了（虽然我刚刚吃完口条三明治又吃了个布丁），我不小心把左脚跨到跟母亲相同的台阶，而右脚还在下面一阶。随着扶梯台阶的边缘分开，我整个人像是要从中间劈开了，身体呈现出小小的倒 Y 字形。我后面是一位穿西装的叔叔，他想帮我，他抓住了我另外一只手。我母亲冲他喊，让他松手，他立刻松了手，然后母亲把我拽了上去，我终于安全了。

虽然我的记忆里这些都是以慢动作播放的，我确信那种恐慌仅持续了几秒，没什么大碍。然而奇怪的是，那段关于自动扶梯的记忆总是被我不经意想起。它不知道打哪儿蹦出来，或者是从我遗忘的地方冒出来。神经科学家认为，记忆通过神经活动的极其具体的形式被"记录"着。当我看到可以引发同一种神经活动的东西时，我的大脑就会依从神经提起那段自动扶梯的记忆。然而，有时候那段记忆由于某些难以言喻的原因也会被记起。可能这是弗洛伊德所称的"屏蔽记忆"，一段象征后来事件的儿时记忆。比如我第一次看《007：金手指》里肖恩·康纳利被绑到桌子上，工业激光从邦德的双腿间往上向他的胯部移动，那是个非常恐怖的镜头，这时自动扶梯的记忆就会闪过我的脑海。

若在人生步入黑暗的最后时刻回忆起的也是自动扶梯这一幕，我也不会感到丝毫意外。一位研究悲伤的专家说，在人们回光返照的记忆里出现的配角，往往是已故的母亲。想象一下"双手热情地上举迎接某种看不到的力量"，这种画面并不出奇。但站在自动扶梯上也有这个感觉吧？这很像"玫瑰花蕊[1]"吧，不是吗？

时间推移，我们上了小学，《不朽的自我：生命与时代》的页面正被快速地填满着。"5岁时，我才知道我在写作一个故事。我不知道5岁之前的我在干什么，可能只是在虚度光阴。"P. G. 伍德豪斯于91岁高龄接受采访时这样说。从一年级开始，虚度光阴就结束了，至少对于脑海里年轻的故事作者来说是这样。随着你早期自我开始成形，这个涂涂写写的人也提升了一个等级。他将开始为一些记忆排列等级，有的记忆会升到优先状态。我可以负责地说，这部分被选出的记忆，将与我一生中直到今天都在努力避免的某个主题有关。出于一些原因，我没有去论述死亡。如无必要，我为什么要冒险将死亡这事变得令人沮丧呢？于是我将这个主题做了最小化处理，因为在人生故事中，它不算什么重要的事。很快它自己就会"花开花落"，如果用词正确的话。在把自己关在墓地附近的那间屋子的几周时间里，我偶然读到了《美国哲学期刊》上一篇发表于百年前的长论文。作者是斯坦利·霍尔，他在这方面的早期研究中举足轻重，是儿童心理学的先驱。除了众多其他成就外，他使得"青春期"这个词变成了主流用语。他论文中占

1　玫瑰花蕊（rosebud），1948年美国电影《公民凯恩》中的一个象征符号，在这里指人临终回忆里那些美好深刻的东西。

很大比重的一部分讲述了年幼的孩子在第一次面对死亡时的本能反应——比如遭遇家人的去世时看到正在尸检的尸体。霍尔描述了年幼的孩子在触摸到死者冰冷的身体时，或看到去世的叔叔阿姨不像平常一样生动鲜活，而是"脸部与身体僵硬"时所感受到的那种吃惊。"无论亲吻、拥抱、轻拍或对其微笑，都不再有反应了。"霍尔写道，"孩子们（经常）会惊奇地注意到死者半睁的眼睛。他们会迷信般地注意到苍白的脸，还有寿衣，尤其是棺材。（看到此场景的）婴儿通常会扭开头，几乎是带着抽搐转向抱着他的人，仿佛受了惊吓。"

你还记得第一次撞见死物的场景吗？我记得。我想那应该是在自动扶梯那件事后不久。有一次我们在大西洋城，我在海滩跑步时，正在关注别的东西，某种很活泼的东西，可能是卖冰激凌的人推着那种挂着铃铛的小车（那铃铛声曾是世上最甜蜜的声音，虽然现在当我坐在密歇根湖畔读电子书时，持续的铃铛声让我抓狂）。无论如何，根据当时的记忆，我正在沙滩上以我肉乎乎的小腿能达到的最快速度奔跑着，然后，差点踩着一条正在腐烂化脓的死鱼。鱼的眼睛已经掉了出来，看上去既可怕又恶心。我停下来盯着看，惊恐到忘记冰激凌的奶油化了。我母亲跑了过来，一边摇着手指一边把我拖走了，她指着那条死鱼跟我说，再也不要、永远不要靠近那种东西。

我就假定脑海里的故事作者把这段死鱼的记忆标记为"值得注意"，然后将记忆存档，留着在后面的故事里发挥作用。记忆是流动的。某位叙事心理学家说："某件事情可能在这个片段里看起来毫不相干，但是对于理解另外一个片段非常重要。"我现在是怎么看待死鱼那段记忆的呢？我觉得母亲在保护我不受到生命威胁，跟母熊、母鹿或者母鸭子保护她们的幼崽一样。她在身体上和感情上充当我的屏障，不是要躲避那条腐烂的鱼，而是要屏蔽对死亡的恐惧。

可那只是一种暂时的屏障。著名的精神治疗法医生欧文·雅洛姆在《凝视太阳》一书中，描述了我们对死亡的恐惧在一生中是如何消长的。孩童时，当脑海里的故事作者刚开始涂写前几章时，我们"在落叶中，在死去的昆虫和宠物中，在消失不见的祖父母和无尽的墓地墓碑中……隐约瞥到死亡的微光"——而我们的父母不太愿意我们感受死亡的意义。

直到青春期，我们才会对死亡进行进一步的思考。青春期之后呢——嗯，反正如今，任何时候、任何事都能和死亡产生联系：电子游戏、恐怖电影，所有东西都齐了。我的孩子们见识过各种灌输死亡概念的事物：死亡金属流行乐、死亡摇滚、死亡说唱。他们的音乐播放器里存储着一行行标示着死亡的音乐。有位自称死灵法师的主持人，他的播放列表里有 Flatlinerz 和 Gravediggaz 的歌。我那个年代听的歌里，《告诉萝拉我爱她》和《清纯天使》已经是最枯槁的流行乐了，但仍然让人听得毛骨悚然。我想可以这样下结论：我们那时候更单纯。

那时候的记忆你还记得多少呢？《不朽的自我：生命与时代》的故事开头是不是很简略？孩童时期我们不知道自己会记住什么，以及记住的原因，现在我们也没有比以前更精通语言，20年后我们是否还记得昨天发生的事情？在《挪威的森林》里，村上春树讲述了在牧场的一天的记忆，在事情发生18年后，他依然记忆犹新。而当时他丝毫没有注意到那天，那个牧场，他正在注意其他的地方。就记忆片段而言，我们中的一部分人实际上什么也不记得。这被称为"自传体记忆严重缺乏"，或者"SDAM综合征"，患有此病的人很难记住事实和数字之外的任何东西。一位受此折磨的六旬老太太曾告诉《纽约》杂志的作家说："我以前对自己孩童时的照片非常感兴趣——我常常把照片拿出来翻看。在一张黑白照片上，很明显我三四岁，坐在三轮车上，处在我两个兄弟中间，穿着粉色的裙子。有一次我正好跟母亲一起看这张照片，就说了自己的粉色裙子，然后母亲说：'不，那是条黄色的裙子。'我当时非常沮丧——我关于某个童年故事的润色要被改变了。"

我的青春期之前的几章，除了自动扶梯和海滩上的死鱼外，并没有很多活跃的记忆。但确实还有一些，我那时候的记忆大多都与父亲有关。我总是像条小狗一样紧紧跟着他。我们会去泽西海岸的一个塌陷的码头钓鱼。"卡尔码头"——我正好记起来了，我已经几十年没想起这个名字了。我们把拖上来的比目鱼（我们叫它"门垫"）留下，把鲂鮄跟河豚扔回海里。我俩都穿着带松紧裤腰带的棉质裤子，当时叫"休闲牛仔裤"，我穿蓝色的，父亲穿绿色的。20世纪50年代休闲牛仔裤非常流行，广告中说它"非常适合钓鱼、园艺、划船、打高尔夫、画画、逛街或休闲的工作，洗车，在房子周围闲逛或者仅仅舒适地放松"（广告具体怎么说的，我得再查查）。

每到秋天的周六，父亲会带我到富兰克林球场，观看宾夕法尼亚大学的橄榄球比赛（我父亲、我、我姐、我的孩子们都在宾大读过书，基本可以说我们的血液都是宾大校徽和校旗上那红蓝对撞的颜色），宾大的球队曾经很强大；而如今宾大贵格教徒队每周都会惨败给圣母大学。那时我们全家观看了对阵康奈尔大学的年度感恩节大战。我的母亲和比我大 5 岁的姐姐芭芭拉，外套上都别着黄色的菊花；而我的夹克上刚入秋时就被缝上了海蓝色的纽扣。

　　整个小学时代，我基本都在做白日梦。我很缺乏那时候的记忆。我是个安全巡逻员，系着白色的肩部安全带，上面别着美国汽车协会的银色徽章（我最后会成为小队长——先别鼓掌）。我割了扁桃腺，我记得闻了好像是乙醚，然后昏了过去（我还能想象出那种气味）：感觉就像掉进黑白格的棋盘猛烈地旋转，然后坠进黑色的洞里。这让我想到了《爱丽丝梦游仙境》。

　　此外我还记得的就是那段早期故事里一个详细的分章。父亲带全家去加州旅行，他去那里参加医学会议。我对这个星期的记忆，好像比 13 岁之前其他所有的记忆都生动得多。我相信你也有这样的记忆，不出所料的话也是关于旅行的记忆。来到不同的地方能够唤醒你的感官。我们出发前一天，大人给我几美元让我去买一个星期吃的糖果，再买几本漫画书，还要买一本封面上印着泰德·克鲁苏斯基的《运动》杂志——他是辛辛那提红人队魁梧的一垒手，他的肱二头肌大到必须剪开运动衫的袖子才能穿上。我们沿着宾夕法尼亚铁路离开了费城，在芝加哥停留了几日。我们看了场电影，叫《学生王子》，我忘了讲的什么了，只记得电影很傻气。第二天，我们沿着湖滨大道向北行驶，来到西北大学埃文斯顿校区，我的父亲就在这里开会。（我非常确信，当时我们就笔直地从我和琳达现在住的公寓旁开过，就是我此刻写这篇文章的公寓。我觉得我住在这里的部分原因，就是被当时偶然开车路过的经历吸引了，这是我与过去的一种连接。）

旅程的下一段就像印在我脑子里一样。我们登上了流线型的"超级酋长"号，那是新开通的、全卧铺的列车。我们很快地穿过科罗拉多、新墨西哥和亚利桑那。活生生的印第安人（人们就是这么叫的）在停靠站台时跟我们打招呼，售卖铺在绚丽毯子上的绿松石首饰和纪念品。我的父母给我买了个便宜的木质和平烟斗。烟嘴那里有个辫子酋长的贴纸。我可能还留着呢，虽然现在找不到了。但是相信我，烟嘴上面确实有个编着辫子的酋长贴纸。事实上，我非常肯定我前面讲到的每一个细节都是真的，虽然再想想，我不敢确定《运动》杂志上的人是不是泰德·卡赞斯基，也有可能是山姆·史尼德。但我非常确定那个人不是泰德·卡赞斯基，他在纸袋里击球都成问题，又怎么会上《运动》杂志封面呢？

哦，关于那时还有另外一段记忆。某天我骑着自行车通过木梯下的时候忘了低头，被割破了头皮。母亲像疯了一样，在伤口处盖了块洗碗巾就带我赶紧到附近的一个医生那里去。不是随便哪个医生，而是我们的家庭医生。那会儿是晚饭时间，他打开门时嘴里还嚼着晚饭。但他没有让我们进门，甚至都没有快速诊断一下这伤口是否致命，就让我们先去急诊室缝针。虽然是正确的建议，但是我到现在还会想，他是不是因为想吃完晚饭才不帮我看。医生像上帝一样，你们还记得那个年代医生是这样的对吧？那一刻我第一次意识到，医生也有缺点，跟我们一样。缝了几针后，我又回到家。然后报纸上登了我的死亡告示吗？当然不是。最糟的是，我剃了一块头发，缠着厚厚的白色绷带去了学校。这太让我尴尬了。因为暂时要养伤，家里不允许我在街上玩触身式橄榄球。大约一周里，我都坐在门廊上看着小伙伴们玩球。我等着晚间报纸送到家，会有个骑自行车的小孩把报纸朝我扔过来，他骨瘦如柴的胸前斜背着一个帆布包。

我小小年纪就读报纸，并不能说明任何问题：并不意味着我对世界有着早熟的好奇心，后来会吸引我加入和平队[1]或者在瓦努阿图的村子里教英语、为发展中国家做贡献而感到深深的满足感。根本没有那么深远的意义，我只看体育版和漫画版。但是为了找到那些版面，你不得不翻到那么一两页用小小字号印刷的、意为不太重要的新闻——"出生、婚姻和死亡告示"。

在10岁或11岁的时候，我对于出生、死亡和结婚都完全没兴趣。谁会在那个年龄对这些感兴趣？但是直到现在我还记得那些版面。我脑海里甚至有个具体的相关人物形象，我相信不是完全印刻在脑海里，而是由于某些难解的原因，它被嵌入脑海，供我追溯。我在报纸上看到一位戴眼镜的老奶奶，头发灰白，烫着卷儿，看上去很苍老，虽然说她只有64岁我也不会觉得惊奇——现在想想，64岁在那时候也算老了。那时的女性一般活不过70岁。她那张模糊的照片可能是在圣诞节与侄子侄女、兄弟姐妹聚会的时候拍的，其他人都被剪掉了。照片旁边还有一小段话。大概是这样说的——我是现编的，但差不多就是这样：

---

1 和平队（Peace Corps），一个由美国联邦政府管理的志愿者组织。组织使命包括三个目标：提供技术支持、帮助美国境外的人了解美国文化、帮助美国人了解其他国家的文化。

没有人知道我们多么想念您。没有了您，生活失去了原来的样子。关于您的记忆在我们的心中停留，甜蜜而温柔，深情而真切。我们没有一天不曾怀念您，亲爱的母亲／祖母／葛莱蒂丝。

那时候，这段记忆让我觉得讨厌，但并不全是悲伤；跟我现在的感觉正好相反。我都忘记了这位奶奶和那些小字印刷的页面，但不久前读到的一些东西又让我想了起来。我读到一篇名为《论生活的意义》的书，是20世纪30年代历史学家威尔·杜兰特所写的。他观察到"藏匿在日报的小字印刷里，藏匿在'出生''结婚'和'死亡'题目下的，才是人类历史的本质"。杜兰特说，任何其他的东西都只是"装饰"。

你怎么理解这句话呢？听起来很不错，不是吗？人生的意义就在于我们出生、繁衍后代，然后死亡。这就是所谓的意义吗？若这就是人生的意义，你会想，那为什么人类还要想那么多呢？花过多的时间去研究无法解决的哲学谜题，甚至连"存在的根本目的"也要与我们当面对峙。我们出生、结婚、死亡，人生基本上不就是这些吗？

05　上帝形状的洞

当社会科学家进行实地调查，收集人们的人生故事时，他们自有一套固定的流程。若你同意参加，就会被告知这段采访大约需要两小时。"这段采访是关于你的人生故事，"他们会这样解释，"作为社会科学家，我们很想倾听您的故事，包括您记忆中过去的部分和您想象中未来的样子。"然后他们会向你保证，这不是什么心理治疗。他们会告诉你，他们作为研究者是通过采集故事来研究人们不同的生活方式和自我理解的方式。他们会让你想象一本书，就像我们在前面做的那样。你会被告知这个采访包括让你在书中选择某些场景和章节。采访者会说，我们不需要知道每件事，我们只集中于几个"关键事件"。关键事件可能包含采访者称为"核心片段"的 8 个事件——之所以称为"核心片段"，是指它们在你的个人故事中占据核心地位。这些核心片段包括：一段积极的和一段消极的童年记忆，一次"智慧事件"，一段鲜活的成年记忆，一个高峰，一个低谷，一段心灵体验和一次转折点。采访者会说，转折点是你经历的自我理解方面的重大转变。我们可能不会在事件发生时立刻发觉它就是转折点，只是在回想时才意识到。他们会告诉你，你判断哪件事是转折点没有一个统一的标准，采访中其他问题的回答也没有正误之分。所以，接下来的几个小时，请试着放松下来，让好的、坏的记忆都展开吧。

在关于人生故事的采访过程中，我们只须分享一个转折性事件，当然我们每个人在个人奋斗史中都有不止一个转折点。在写作中，无论多长的故事都不止一个转折点。你去参加任何写作培训，讲师上来就会讲到，一部好的电影（其实一部烂电影也是）都是由三幕剧和穿插其中的几个转折点组成的，哪怕有五个也不足为奇。它们被战略性地安排在情节中，用以表明：这儿有个机会、计划有变、有去无回、冲突升级、一切尽失；然后有个最终奠定胜利的转折点，皆大欢喜，好莱坞的剧情总是这样。

我现在理解了，我们的生活是建立在剧本模式上的，虽然生活常常不会有好莱坞电影的喜剧结尾。假如你今晚潜入我的卧室，把我从深深的梦境里推醒，让我飞快说出生命中的重大转折点，我会立刻列举出找到第一份工作的曲折经历，与琳达结婚，每个孩子的出生，还有在上述这些之前发生的某个转折点，我等会儿就会告诉你了。这下齐了——让生活可以成为电影剧本所需要的至少五个转折点。虽然不是说很快就能拍出李·艾森伯格的个人传记片。如果我在半夜将你叫醒，你一样也能列举出自己的五个转折点。（说真的，你为什么不花点时间马上来列一下呢？）

在每人列举出五个转折点后，若我们继续这次谈话，肯定可以想出无数其他有不同意义的转折点：选对或选错了大学专业；医生下了正确或错误的诊断；这件或那件事发生时天气是否合适；与某人在一起的决定是否正确；是否在对的时候说了对的话；我们与某人相遇或失去某人的那一天。

"当事后来寻找过去发生的'转折点'时，我们就会倾向于到处都能看到这样的转折点。"石黑一雄在小说《长日将尽》(*The Remains of the Day*)里这样写道。这书名取得真合适。

现在讲一下刚才没说的那个转折点，就是发生在其他转折点之前的那个。那是在一个美丽的秋天，具体是在10月26日，周一，就在我成为亚瑟夏令营棒球队年纪最小的队员那年夏天之后的几个月，虽然像前面说的，我没怎么打过比赛。那时我13岁，刚刚放学。我的头皮已经康复了，正在我家前面的街上玩触身橄榄球。道路边铺满了落叶，甚至到今天我还能听到它们"嘎吱嘎吱"的响声，还能闻到那种气味。我还可以看到街边的铺路石，水泥台阶一直延伸到我家前门。研究记忆的科学家认为，将发生的事情与它发生的地点联系起来，可以带来出人意料的清晰效果，就像一个梦境或一场电影。记忆研究者还认为，我们之所以格外详细地记得某个场景，是讲述故事的需要。我这段特定的记忆证实了以上两种理论。

我的母亲难以名状地心神错乱着（这时爱德华·蒙克的《呐喊》中惊恐的人脸出现在我脑海里，记忆并非完全按照实际的印象），她打开纱门大声喊我进去。我跑上台阶，脚跟还没有落稳，母亲就告诉我父亲去世了。我不记得她是否真的用了"去世"这个词，也可能说的是"走了"。我很确定不是"辞世"，肯定也不是"安息"。当她说了父亲"去世"或"走了"之后，她可能自己都没有意识到在跟我讲话，她哭喊出一句医学术语，或者我认为那是句医学术语，因为听起来像。几年来，每当脑海里的故事作者要提起那天的故事，我都试着回忆母亲用过的确切词语，我反复回忆着那个声音，就像声音实验室里的分析员。她说的是："他心肌梗死发作了。"好像听她说话的人能听懂一样。

你第一次失去生命中重要的人是何时呢？那件事在最新版本的《不朽的自我：生命与时代》中现在是什么样的呢？它是你的一个转折点吗？你当时是生气呢，困惑呢，还是不知所措？你有没有哭个不停？

当时我虽然生气、困惑、不知所措，但我不记得自己哭得很厉害。母亲不停对我说，哭会"把痛苦放出来"（let the hurt out），这就让人哭不出来了。我很确信，她说的就是那几个字。这句话铭刻在我的脑海里，但不是字面意义上的刻。我是过于困惑而忘了哭吗？很有可能。

我感到非常吃惊——人可以今天还活得好好的，明天就毫无知觉了。我相信你们也有过这样的想法。我记得自己盯着父亲的浪琴腕表，后来它被我收进柜子里的盒子，这些年再也没上过发条。当我母亲不在家时，我会蹑手蹑脚地跑到父母的卧室里，看着父亲的壁橱，看着他的西装，想到他再也不会穿这些了而发着呆。几个月后，我母亲把西装捐给了慈善机构。一想到其他人会穿着父亲的西装，我就觉得更加荒诞。

关于葬礼的事我只记得一点点。并不是因为我压抑着其他相关的记忆，我脑海里的故事作者还没有展开、理顺或压缩这件事的相关记忆。若当时在现场，我会记得更多，但事实是，故事作者和我一起被关到侧间里隔离了。母亲去葬礼的时候对我说："我希望你记得父亲原来的样子。"最近，我读到了托马斯·默顿关于他母亲下葬那天的描述——他比我那时候还小，八九岁吧，他同样不被允许参加葬礼。"关于疾病和死亡的一切，都或多或少地对我隐瞒起来，因为让一个小孩子想这件事，可能会让他变得病态。"好吧，也许，但很可能每个失去父母亲的小孩都会变得有点儿病态，不管他是否有幸能参加葬礼。

另一方面，也许我母亲是对的。一个六十几岁的男人在采访中谈到，他母亲二十年前过世了。她走得很突然，病被确诊后还不到一个月。他承认自己现在仍然被"躺在棺材里的她的脸所萦绕"。因此，没错，我母亲讲得有些道理，那样我就只会记得父亲去世，而不会记得我们一起去钓鱼或看球赛这些幸福的记忆了。我也在照片和家庭录像里看到了父亲，虽然跟他活着的时候我记住的有些出入，但我仍拥有那些记忆。苏珊·桑塔格在她一篇著名的探讨摄影的文章里写道，所有的照片都是死亡的象征："通过精确地将某个时刻区分固定下来，所有照片都证实着时间的无情流逝。"对我来说这有些道理。如今，每当我看着父亲的照片，相比于看他，我更多地是在凝视时间的无情流逝。

关于那个转折点，我还有另一段记忆。在葬礼后，人们都回到我们家。镜子上盖着黑色的布，客厅里放着折叠椅，成堆的冷盘和蛋糕压得餐桌吱呀作响。鲁丝阿姨走过来在我脸上掐了一下。顺便说，她掐我那下感觉很厉害——鲁丝是位很强壮的女性。然后我俩上演了电影里那老掉牙的一幕：鲁丝阿姨弯下腰告诉我，你现在是家里的男子汉了，要照顾好母亲。我没有讲自己想说的话——我好害怕——我像烂电影里每个小孩都会做的那样去表现。我点点头，神情肃穆地低声说：我会尽最大努力的。丹·麦克亚当斯肯定会将我那时的表现看作试图创作个人神话，讲述一个年轻男人在逆境面前如何展现勇气。

在接下来几天里，我坚信父亲会以鬼魂的样子突然再次出现。这可能是我的《不朽的自我：生命与时代》里唯一有关超自然的部分。斯蒂芬·霍金曾对查理·罗斯说，他认为来生"是为害怕黑暗的人创造的童话故事"。虽然我不害怕黑暗，但是一想到父亲会在半夜突然出现在我房间里（虽然我很想见他），我也有足够的理由去怕黑了。睡觉前，我会检查一下床底下。在学校，我有点儿期待地向校园里张望，希望看到有鬼魂在树后探出头，嘴里叼着金边臣香烟，虽然他第一次心脏病发作后医生就让他戒烟了。

在接下来的 11 个月里，在上学前和放学后，每天两次，爷爷会开车带我到附近的犹太教会堂，让我在那里背诵犹太祈祷文，那是传统的希伯来纪念祷词。虽然我的祖父母信教，但我自己家并不信。经历这种折磨，我丝毫不觉得有压力，但也没有其他更有意义的方式能表达对父亲的爱了。我想那是为了赎罪的苦修行为，虽然我也不知道是为什么。来参加这日出和黄昏祈祷的只有十几个人，而且都是老人。这是一种社交活动，为了给他们一点儿事情做，让他们不要老在家里待着。

我还能十分清楚地记得他们的脸，或者我认为我还记得。他们都七十几岁或者更老，看上去十分消瘦，带着令人不安的冷漠，或至少在我来看是这样。我从未感觉如此被暴露在外，感觉很不自在。他们跟我说的话不到 10 个字，只是盯着我，我相信他们是在对我表达同情，但他们给人的印象是难以接近和严厉的。祈祷大约持续了 40 分钟，全程使用希伯来文。那个时候我能磕磕绊绊地读希伯来文，但是不用说你也知道，我对它们的含义一头雾水。过了一周我就能背诵哀悼者的祷告词了。我现在还能靠记忆背出来那些音节。在那场祷告中，我能做的只有站起来背诵：

　　咿思噶哒咿咿咖哒师师梅啦吧　（阿门）

　　吧啊嘛滴咿啦哧唔噻

　　咿呀嘛哩哧嘛楚噻 吧碴耶楚 呜哟梅楚

　　呜咿碴耶滴楚 呗嘶咿嘶叻

　　吧啊噶唔啦呜咿滋漫咖如咿咿姆鲁：阿门……

还有另外 24 行也是这样。

当那折磨人的 11 个月终于结束时，我获得了一点微小的满足感，因为我付出了努力，付出了时间，承受住了别人的注视。这些东西我都不喜欢，但是我在尽最大努力向我父亲致敬。今天，我对于那整段体验有一种矛盾的情感。"我跟犹太人有什么共同之处呢？"卡夫卡在日记里写道，"基本上我跟自己都没什么共同之处，我应该安静地站在角落里，庆幸自己还能呼吸。"

我为什么要跟你们讲这些呢？包括我没有哭，鲁丝阿姨掐我那一下，盖起来的镜子，检查床底下有没有父亲的鬼魂这些事。不错，将艰难的记忆倾诉出来是很有益的。研究已经证明了这一点，很多很多的研究，它们一般以这样的说明开头：

　　　　关于一件对您和您的人生有极其重要影响的事件，请写出内心最深层的想法。在写作中，希望您能真正放松，探寻自己最深处的情感。您可以将话题锁定在与其他人的关系上，包括与父母、爱人、朋友或亲戚；话题也可以关于你的过往、现在或将来；或是关于曾经的你、自己想成为的人，或现在的自己。不要在意拼写、句子结构或者语法。唯一的规则是：一旦开始写作就要坚持写下去，直到时间结束。

　　在被分配的时间里——比如每天15分钟、持续三四天——参与者会写到逝去的爱情，写到死亡与个人的失败经历。你猜怎么样？研究发现，参与者随后会有精神和体力上的增强，包括免疫功能的改善，情感焦虑或压抑减轻，甚至失业后能更快找到工作。研究发现，有规律地写作任何内容，都会对人的记忆能力有所改善。将那些艰难的日子写下来，为什么会让你感觉更好呢？没有人能完全肯定，但是有个由来已久的理论认为，这种在纸上的释放可以减轻压抑感，而压抑感是我们压力的一大来源。

　　但这还不是我告诉你我父亲去世这段记忆的原因。我不是想释放压力，也没有想博取同情。我之所以分享这段记忆，是在为转折点的话题阐明观点。在事情发生的几年后，脑海里的作者常常会回想起，并重新诠释自己在整个故事中所扮演的角色。父亲或母亲的去世，虽然有毁灭性的打击，但也可能是一段成长经历，或者是你的梦醒时刻，或者它会把人生故事变成不可逆转的噩梦。在那时候你还不知道这一点。那时我只知道，我们的家庭眨眼间就有了一个巨大的空洞，一个"上帝形状的空洞"，有些观点是这样认为的：我们需要一个像上帝一样高大、雄伟的轮廓，才能填补生命的空虚。在那件事发生之前，我没有意识到有这样一种空洞，在发生的时候也没有意识到。父亲的死是我开始考量生活的转折点。克里斯托弗·希钦斯在他的回忆录《希奇—22》（*Hitch-22*）里写道："父亲的死为我们个人的终结打开了前景，提供了一片无阻碍的视野，让我们看到还没有被掘开但正等在那里的坟墓，它在跟我们说：'下一个，轮到你了。'"

对于脑海里楼上的故事作者而言这也是一个转折点。他第一次明白这份工作不全是玩乐和游戏。他待在脑海里不是在胡乱涂写，将记忆的片段甩在墙上，看哪条能在以后的情节中站得住脚。他就在那里，你的故事作者一直在那儿，花费精力写一个连贯的故事（就像爱德华·福斯特所说的那样），以我们不太记得的事情开始，以我们期待但不了解的事情结束。

至于故事作者和我，我们现在都有了个大致的概念，知道这本书大概会有多少页。它的页数让我足够将其归为中篇小说，但还不足以称为大部头。有足够的页码撑到我四十多岁那几年，不仅因为父亲也是这个年纪去世的，他的两个兄弟也是如此。故事作者和我都不怎么懂得基因或者寿命统计表。我们所知道的仅仅是父亲从第一次心脏病发作，到因心肌梗死去世的周一清晨那三年间经常说的话。他是一位骨科领域的科学家，在自己的领域受到认可，并且在一流的医学院里教书。他知道自己在讲什么。他时常评论说，医药和科学可以产生令人惊叹的奇迹，"但最终都取决于你的命运"。

我还记得——真的，我还记得——我拿出纸和笔做了些基本的计算题。假设我的命运跟父亲和两位叔叔的一样糟糕，我可能无法听到千禧年的新年钟声了。那个时候的人们肯定是在西装外背着喷气背包呼啸着去上班吧。肯定有了核动力汽车，有了双向的、带可视电话的腕表。肯定也有机器用人和机器人吸尘器。一想到无法与安妮特·弗奈斯洛[1]儿女成群、幸福地生活在有机器用人和机器人吸尘器的大房子里，我就觉得有点儿扫兴。

1　安妮特·弗奈斯洛，好莱坞著名女演员、歌手、制片人、编剧，12岁时被迪士尼发掘，成年后以海滩电影著称，曾主演过美剧《成长的烦恼》（第一季）。

06　开头重要吗?

随着我们从故事开头来到故事的中间,就有理由去思索《不朽的自我:生命与时代》的前几章,对于故事的中间和结尾能起到多大的决定作用呢?

有些人会告诉你,故事开头与中间和结尾的关系十分密切。圣罗耀拉[1]说:"给我一个小孩,到他七岁时,我就能向你展示他成人时的样子。"恕我直言,先别急着下结论。依赖长期数据而非信仰的人会告诉你,你七岁时一切尚未定型。这关乎天性、教育,还有更讨厌的运气。

通过纵向时间的例子来说明:1938 年,哈佛大学公共卫生系推出了后来被称为"格兰特研究"的项目。这是一项雄心勃勃的长期探索,目的是观察生命故事是如何展开的。该项目资金来自

1　圣罗耀拉,又称圣依纳爵·罗耀拉(Saint Ignatius of Loyola,1491—1556),西班牙神学家、教育家,天主教耶稣会的创始人,也是天主教会的圣人之一。

W. T. 格兰特，他通过廉价商品店成为富豪，他自己就是在十年级辍学的。格兰特将此研究当作一次测试，能帮助他预测什么样品质的人能够成为可靠的长期店长。研究者跟踪人们一生的生活轨迹，从哈佛校园一直跟踪到墓地。目标是记录"现代生活的压力"是如何影响人们整体幸福的。

有 268 名大学生志愿者（都是男生）作为小白鼠参与到研究中。每位都经过身体和心理条件上的筛选。有健康问题史，有当下或未来健康风险的，或者在学术上表现不佳的人，都被剔除出去。研究者坚持认为，所选的受试者自身越强壮越好。受试者活得越长，研究者得到的数据就越丰富。相应地，运动型体质的人比瘦弱型或矮胖型的人更合适。参与者的人生故事通过他们的个人报告和周期性的访问，被一丝不苟地追踪记录着。将近 80 年后的今天，研究仍在继续，尽管参与者的数量严重减少了。

跟你想象的一样，研究中的参与者，有些人变得更加活跃，而有些则逐渐暗淡了。每个人都要经历生活的压榨。他们的身体机能，在项目开启的十年内处于巅峰时期；到 40 岁时，他们的身高就开始每十年萎缩 2.5 厘米；50 岁时，味觉开始退化；60 岁时，他们的阅读速度比学生时代在怀德纳图书馆填鸭阅读时慢了三倍。血管开始硬化，脑容量减小。70 岁时，很多人就发不出声调较高的辅音了，比如"k""t"和"p"，并且开始抱怨自己的妻子、孩子和老牌友们说话都在嘟囔。婚姻和事业开始土崩瓦解，而且常常不止一次。他们的同事与爱人都已入土为安。他们经历过战争，遇过经济危机，许多人因为酗酒毁掉了人生。但对于脑海里的作者来说，这还不是最坏的。最坏的东西可以通过一个最好听，但对故事作者最恶劣的词汇来表达——"良性衰老型遗忘"。

萨默塞特·毛姆在一篇文章里写道："无论精神还是肉体，衰老难以令人承受的不是机能的退化，而是记忆所带来的负担。"饶了我吧！脑海里的故事作者肯定会这么哭着喊道。让老人难以承受的是记忆的丧失。记忆的丧失就等于自我的丧失。

无意冒犯圣罗耀拉的理论，但是基于格兰特研究的结果，若要一个七岁小男孩成长为还不错的大人，那么他需要的是一段温暖有爱的亲子关系。根据格兰特研究，与母亲关系融洽充满爱意的七岁小男孩，比没有母亲的孩子或者母亲较冷漠的孩子长大后更容易事业成功。与父亲关系融洽充满爱意的七岁小男孩，更不易受到焦虑症的困扰，且更容易享受晚年生活。

但即使是在《不朽的自我：生命与时代》这本个人故事书的前几章中拥有温暖有爱的人际关系，也不能完全保证什么。哈佛研究的被试者中，很多人的故事是从一开始就注定好了的。许多人在童年时已经显现出"睡眠者效应"（sleeper effects）。有些人的"睡眠者效应"对故事产生了积极影响——记忆中的与启蒙老师的相遇或年轻时的甜蜜爱情等。有的却产生相反的影响，它们在整条故事线上神出鬼没，就像酗酒者和抑郁患者的易病体质一样。我们都面临这样的风险。也许是在我们正走向人生故事的巅峰时，具有破坏性的"睡眠者效应"莫名其妙地闪现出来，引起爆炸性的后果。

第二部分

中间

也许我唯一能做的，就是盼望在结束的时候，所有的遗憾都能恰到好处。

——阿瑟·米勒《摩根山下山之旅》

07　当心"肘关节"

这块陈旧的乡村墓地建造于 19 世纪中叶,当时邻近的墓地已不堪重负,只好将部分遗体转移至此,坟头的墓碑有一个世纪之久。每当我在墓地小径上来回踱步,发现不少精彩的故事时,我都不由得啧啧称奇,这块墓地简直是一个已完结故事的金色宝藏,这些故事已经不再续写了。

这里有一些战场上的传奇。一位美国独立战争的烈士与他的五位妻子葬在这里。一个 18 岁的水手,三等兵,在南太平洋的战斗中牺牲,而他的父亲是美国陆军下士,在中国、缅甸和印度的战场上都幸存了下来,于 95 岁高龄去世,竟比他儿子多活了半个世纪。还有一位美国海军的中尉下士,在"伊拉克自由行动"中被授予海军十字勋章和紫心勋章,却在 20 岁那年阵亡,墓碑上方悬挂有十几枚军事荣誉勋章。

还有些发生在海上的悲剧。一艘捕鲸船的船长和船员在暴风雨中失踪，人们用废船的桅杆来纪念他们多舛的命运（"纵然葬身大海，依然在我们的记忆中永存"）。

这里也有爱情故事。一块墓碑上镌刻着"永远的伴侣"，左边是一个男人的名字和日期，右边是另一个男人的名字，但还未刻上日期。不远处埋葬着芭蕾舞大师乔治·巴兰钦，而离他很近的地方是著名女芭蕾舞演员亚历山德拉·丹尼洛娃，他们曾在圣彼得堡一起上学。他们像夫妻般相伴生活了七年，但由于巴兰钦当时已经结婚，他俩终究没能结为连理。

这里还有一些家族传奇。宏伟的纪念碑肃穆地歌颂着家族里的男子们，而女人似乎无关轻重，不过是在未经雕琢的石板上刻上名字和日期而已。很多父母的墓碑旁边围绕着一些小石头，其中一些仅仅刻着"男孩"或"女孩"的小岩石，是一些死于难产或夭折在襁褓中的婴儿。按照习俗，在不确定孩子能否熬过天花或霍乱时，通常不给他们取名字。镇上的记录里还有一则写给夭折婴儿的墓志铭："地上的蓓蕾将在天堂怒放。"如果你是虔诚的信徒，那"在天堂怒放"就已经是意义所在了；对于不信教的人，这句话就没什么了。按汤姆·斯托帕德说的，在人世间的短暂光阴里，孩子是否曾被善待，这才是重点。他在话剧《海难》里写道："孩子死亡的意义不会大于军队之败、国家之亡。孩子活着的时候是否幸福，这才是唯一且恰当的问题。"

还有一些是痛苦绝望的悲剧。作家兼独角戏演员斯波尔丁·格雷在此安息。在他消失了两个月后，他的遗体被冲到了纽约的东河，有人怀疑他是从斯塔滕岛的渡轮上跳下来的。他的墓碑上刻着："美国本土人，焦虑，属于多虑却又无能为力型。"

还有一些被遗忘的故事。有些石头已经饱经风霜，上面的日期和全名已销蚀不见，有些已经变成棕色，只比裸麦面包略大。根据墓碑上的信息，"S. E. N 长眠于 C. T. N 旁边"，然后是"父亲（卒于 1884 年）和母亲"。不知是由于主人谦逊卑微而刻意把墓碑做得如此简陋，还是刻碑人对死亡惜字如金，答案在历史的长河中已无法追寻。

令人惊讶的是，我还在这儿发现了一些我所熟知的故事：比如记者纳尔逊·艾格林、编辑克雷·费尔克和小说家威廉·加迪斯。威廉·加迪斯的作品长达近千页，但他的墓碑上仅仅刻着日期和一个词——"爸爸"。这里还有鲍勃·斯克拉，他曾在纽约大学教电影史，是一个周到而斯文的人，他还是职棒球迷联盟（RLB）的支持者兼创始人之一。

在这些人之前，墓地里的故事就各自进展着，有些随着时间而繁荣，有些则不进反退——正如鲍勃·斯克拉的生卒年和姓名下方刻着的这句话"小舟逆水而行，却被浪潮不停地冲回过去"，这也是《了不起的盖茨比》书里的最后一句话。

很多墓碑带有装饰画：橄榄枝、锚、马蹄铁、天使、百合、圆柱、十字架、罂粟、鸽子、沙漏、贝壳、美人鱼、玫瑰、蛇。坟墓上还有些其他的装饰物，比如玩具车、沙滩玩具、服装上的人造珠宝，还有一些家人朋友赠送的小物件，叙事心理学家称之为"怀旧物件"。换成我呢？一支钢笔、一根迷你钓鱼竿、从糖果机里得到的小小棒球棒，就让我心满意足了。如果还有一些CD，那就更好了。例如我最早买的密纹唱片《沙滩上的西纳特拉》《阁楼上的艾哈迈德·贾马尔》；或者任何塞隆尼斯·蒙克的音乐，我都不挑。

　　楼上的故事作者？不就是个浑身沾满墨水的守护天使吗？我相信我没有给你这样的印象。他不保证你的人生故事自始至终都能朝正确的方向发展，更何况，不是每个人的楼上作者都是重量级的文学作家。就算是最优秀的作家也会迷失方向。有人曾问海明威成功的秘诀，他写道："我每写九十页狗屎，才能写出一页佳作。我尽量去写，然后把那些狗屁不通的部分扔进垃圾桶。"

　　常常是故事发展到一半，麻烦就来了。即使是再有成就的作家，写故事的中间部分也是一种严峻的考验和冒险。即所谓的中段危机。故事发展到一半，情节开始铺展，人物也倾向于分裂。回到在《时尚先生》杂志那时候，我都说不清多少次陷入中段的混乱了。即使是深受好评、薪酬丰厚的作家，照理说他们不至于，但也总是交出狗尾续貂的作品。故事的前三分之一自信满满，甚至充满激情。然后，就毫无征兆地出现一些细小的风波，比如不相干的引用、莫名其妙插入的段落。嗯？故事已经开篇，也就开始波涛汹涌。在写了一两页后你才意识到，自己手里是一项"填海工程"。

　　我的编辑同事为这麻烦的故事中间部分取了一个称呼："肘关节"。我也不确定怎么起的头，大概是我提了一下，后来就被一直沿用。我们在传阅文章或短故事时，就会评论说"肘关节太弱""肘关节太糟"，或者"刚开始才华横溢，一到'肘关节'就不行了"。

　　为什么作品总在"肘关节"时掉链子？因为作者起初坐在打字机前时，才思泉涌，立马下笔千言，深深陶醉于自己的才华。他不曾费心思考故事的意义，以及如何铺垫才能走向一个令人满意的结局。比如写一个李奥纳多·迪卡普里奥的故事。好，写他的什么呢？作者都不太确定。但是散文写起来洋洋洒洒，不曾细想就写了很多字，很多小细节也不曾注意到，直到故事发展到中间处开始转折，有时还停滞了，正如很多走到半路的事业与婚姻一样。一位网络写作教练有段关于写故事的话，同样适用于书写人生故事："中间不仅是开头和结尾之间的填充，它还应该是冲突的高潮，这时会考验主人公的最大能力，往往还超越了他的极限。"

关于人生故事的中段何时开始，何时结束，没有统一的结论，我们也不会深究。很多研究者下定义说，是主角"不再年轻但又不算太老"的时候。老年疾病学家说，是当我们把注意力从"出生后的时间"转移到"剩余存活时间"的时候，如果这样说还是太模糊，就暂且认为是 40 岁到 60 岁之间吧。对于很多人来说，那可能是历尽坎坷的 20 年。E. L. 多克托罗曾把写文章比作在大雾里开车，你只看得到车头灯所及之处，但你最终还是会到达目的地。但对于楼上的故事作者，度过中年就好比在晚上打字却没有台灯。你能不能达成所期望的目标？不一定。

如果你现在已经达到一定年龄，中年或者更年长些，你成长过程中一定也曾为中年感到焦虑，这几乎是一场必然发生的灾难。你一到 40 岁，所有的坏事开始降临，你的配偶变得无趣，你的孩子也沦为幼稚、笨拙又无可救药的青少年，你的事业毫无进展——所有这些症状，菲尔医生（Dr. Phil）的网站上都有。也谈不上哪个更痛苦，你很难过只是因为目标没有达成。你开始过分关注外表，你开始渴望冒险，你开始反问自己当初为什么要和她/他结婚。这种诸事不顺的感觉让人绝望，你开始沉溺于怀旧情绪。听起来很耳熟吧？我也是。如果这些都标志着中年危机，那我的危机早在二十几岁就开始了，只不过时强时弱。

然而，我还是要坦白，当关于男性更年期的新闻爆出来时我简直被吓坏了。我在杂志上读到过，一过 50 岁，我们的荷尔蒙分泌减弱，头开始变秃，性功能减退，父母也会离我们而去。我的朋友们开始捶胸顿足，怀念那些我们逝去的共同岁月，为那些没实现的愿望而遗憾，没有抓住的机遇，没有发挥的潜力，没能同床共枕的男人或女人。展望未来，就只剩我自己的叶落归根了。

20 世纪七八十年代的很多杂志和书籍都曾指出，人类注定要面临的更年危机正好符合"人类人生历程"的模式。根据此模板，人生的历程由一系列的时代、阶段、时期、季节或段落组成。这样看待人生，似乎能宽慰一些，不是吗？如果有张示意图能一五一十地解释人们完整的一生，生活看起来倒也没那么信马由缰了。我们一直在追寻这样的蓝图，这倒也不新鲜了。有一次晚上出差，我因为航班取消逗留在机场酒店，点了一份比萨，安顿好后，听了约瑟夫·坎贝尔关于但丁人生四个阶段的演讲（如果不想听这个，就会去马路对面的时尚先生俱乐部）。坎贝尔清晰阐述了但丁关于人生的理解。分为四个主要篇章。第一阶段，但丁称之为"青少年时期"，都是关于个人成长的。我们学习礼貌的举止、客气的话语，这个阶段一直持续到 25 岁左右。第二阶段，坎贝尔称之为"成熟期"，跨越接下来的 20 年。35 岁是关键的中间点，照坎贝尔所说，这时最重要的就是"完成我们的工作"。我们运用青少年期学到的东西来改变我们周围的世界。我们运用勇气、爱与忠诚，换句话说，用"我们骑士般的美德"。45岁到70岁就是"老年"了，这一阶段的任务是提出建议，分享智慧和传播正义，大方而又和气地对待我们身边的人。最后，到达第四个阶段，称为"老朽期""衰退期"或"衰老期"都可以。此时我们以感恩的心情回忆我们的人生，并期盼着"归去"。这四个阶段对应太阳每天的变化：早上、中午、傍晚和晚上。

莎士比亚在他不朽的独白"世界是个舞台"中，阐述了另一种情况。我们从婴儿（在护士怀里啼哭、吐奶）到学生（蜗牛爬似的 / 不愿去学校）到爱人（像火炉似的叹气）再到士兵（在争吵时鲁莽冲动）到法官（智慧、腆着圆圆的肚子）到老汉（颤颤巍巍、精瘦干瘪）再到真正的高龄，骨瘦如柴，绝望而又虚弱（没有牙，视力退化，味觉消失，什么都没有了）。

在20世纪七八十年代，心理学家更进了一步，彻底推翻这诗意般的废话，舍弃这些令人深思的比喻，用数据来说话，杂志、报纸、自学教材都在这研究的盛宴中"大快朵颐"。而这些研究都是为了解释耶鲁大学教授丹尼尔·列文森所谓的"社会秘密"，而这"可能也是人类最大的秘密"——"成年人生的具体特征"。怎样才能最好地解释清楚？通过建立一支心理学、精神学和社会学的多学科队伍——绝不接收诗人和哲学家。在列文森的带领下，社会科学家们访谈研究了40名年龄介于"黄昏"到"傍晚"（但丁时间）之间的男性。研究成果被收录在《男人的人生四季》（*The Seasons of a Man's Life*）这本书里，但很多人认为它的研究样本不具代表性。因为这 40 个男人全部居住在东北走廊[1]，其中 6 个碰巧还是小说家，仅这一点就不能说服我。马丁·艾米斯曾说，小说家都是异类，他们只有两种谈论自己的方式：要不假装谦虚，要不就沉浸在内心的狂妄自大里，认为别人都是"沟里盲虫"，漫无目的地到处爬行，碌碌无为，一事无成。我们能靠这些小说家找出人生历史上最隐蔽的秘密吗？

虽然在方法上受到质疑，此项研究的成果最终还是吸引了许多媒体的注意，因为有足够多可挖掘的新闻点。在书的序言里，列维逊写道："中年激发了我们对衰退和死亡最深层的焦虑。"他哭诉道："对老年生活过分负面的设想是如何严重地加重了中年的负担。"当一个人活到三十几岁时，他就变成了迷途的羔羊，此时他要应付此前人生成长的结果。这本书以 40 个同样住在东北走廊的男人为有限样本，其精确度仅相当于园艺家仔细地数了数树桩上的年轮。做完样本研究后，列文森认为中年时期最具挑战的过渡一般都从 40 岁或 41 岁开始，持续 5 年左右："我们认为真正的中年过渡期不可能在 38 岁前或 43 岁后开始。"虽然有人能成功逃脱"肘关节"的折磨，但大部分——80%——都已经被证实"与内在自我与外在世界激烈斗争着"。他们不得不在"几组对立"中左右徘徊：年轻／年老，阳刚／阴柔，破坏／创造，牵绊／单身。

这本书花费了丹尼尔·列文森将近 20 年的时间，但接着他又出版了《女人的人生四季》(*The Seasons of a Woman's Life*)，虽然晚了点儿，但聊胜于无。在书里，他承认男性以外的另一半人类

1　东北走廊（The Northeast Corridor），指美国东北部北接加拿大、东临大西洋沿岸的工商业最发达、城市最繁荣的地区。华盛顿特区、波士顿、纽约都属于这一地区。

也要艰辛地走过生命周期。在序言里他解释道，他先研究男人的人生四季，主要是因为他试图理解自己作为成年男性的发展历程。这解释并没有什么说服力。他道歉，是因为几个世纪以来，科学总是以男性的角度看待成人的世界。而现在，"性别革命"开始了，导致"男主外、女主内"的劳动分工彻底瓦解。女性寿命更长了，花在"家政"上的时间也成比例地减少了。随着离婚率的上升，女性更坚定了要获得职业能力的需求，这样离婚后也可以照顾自己。列文森观察到，女性如果负责赚钱养家，到了"中年过渡期"，四十出头，通常都会遭遇婚姻"低谷"：夫妻关系很有可能变得枯燥而平淡，在她的主动下，才偶尔有几次亲密行为。此时女性的自我兴趣只有通过个人奋斗和发展来实现。她们比以往更迫切地想要知道：我是谁？什么对我更重要？我怎么度过人生下一个阶段？都是些让人冷静而心寒的问题。这时，她们很可能会对自我和人生架构做出些戏剧化的、令人害怕的改变。列文森写道："每个人生季节都有它自己的时间，尽管它只是一部分，并取决于整体……人生四季本质上没有哪一个阶段更突出、更重要。"四季变幻，季节交替，都是狂风暴雨般猛烈。只不过步入中年的过程尤其悲惨，充斥着压抑、焦虑和"疯狂逃离"的冲动。

虽然关于现代人生模式的观念有所不同，但有一个共通点，即都预设了行为方式在连续的阶段里会产生变化。精神学家罗杰·古尔德在阶段之间或本阶段里，看到人类矛盾的重要作用，这就是列文森所指的"对立"——相反的趋势或状况。我们被拉回"儿童时代的安全感"，却也同时被"自立"——掌握自己命运的需要吸引着向前走。等我们三十几或四十出头，我们的孩子（也许已经被我们弄得心烦意乱）到了青春期，想要挽回他们已经力所不及。作为父母，我们无能为力。相似地，我们的事业也已经无法挽回。在《转变》（*Transformations*）一书中，古尔德写道："我们在人生面前，赤身裸体，无可躲藏，永远失去了我们天真的本性。"而我们面临的挑战是如何向前走，如何"成长"。

关于人生，最受欢迎的书是盖尔·希伊的《探索者》（*Passages*）。这本书极大地借鉴了古尔德和列文森的理论。古尔德认为借鉴太多，就起诉其抄袭，最终两人在庭外和解。虽然法律官司不断，但这本书还是稳居畅销榜多年，直至今天依然被介绍为关于成年时期人性化的、能拓宽视野的见解，语言流畅，文采斐然，老少皆宜。目标读者包括男人和女人、伴侣和独身人士、"浪子"和大器晚成的人、工作狂和家庭主妇……

这是唯一一本将我们的人生变迁连贯地写在一起的书，所有人在二十几、三十几、四十几岁都要经历这些变迁，结尾反而可能是我们人生最好的部分。然而，书里还是有些恐惧贯穿始终："没有人能保证你的安全感，也没有人永远不会离开你。"

也许你会很快得出结论：人生中弥漫着的恐惧，比为了卖新闻而特意炒作的要更加复杂、深刻。在你下定论前，最好能思考一下我选的以下三个案例，当然这样的例子很多。我例子中的其中两个人物塑造了西方文明，他们俩中年时期的故事也值得慎重思虑，他们是举足轻重的人物。第三个则是个可悲的笨蛋，他住在康涅狄格乡下的豆荚街。

中年危机示例一：

列夫·托尔斯泰在 1884 年写了题为《忏悔》（A Confession）的散文，尽管我很想称之为《托尔斯泰的抱怨》。

在 50 岁生日前不久，这位俄国大师写下了这篇文章。他坦言，是为了遣散心中的阵阵焦虑。在他年轻的时候，所有事情都处于上升期："我的肌肉在生长变强，我的记忆变得丰富，我思考和理解的能力也在进步。我在成长，在进步。"托尔斯泰试图说服自己，只要人生轨道在往正确的方向发展，宇宙自会有它的秩序，他自信能找到一个通用的法则，找到自己人生问题的答案。

此时，他事业成功，建树颇丰——已经写出了《安娜·卡列尼娜》及《战争与和平》……他的家庭美满幸福，也有足够多的钱，能达到舒适以上的生活水平。但事情开始乱套了："我身上开始发生一些奇怪的事情。起初，我开始有困惑的时刻，比如我的生命将在何时终止？好像我不知道如何生活或者要做什么似的；我不淡定了，陷入了抑郁的状态。但当这样的时刻过去，我又开始像以前一样生活。之后，困惑的时刻出现得愈加频繁，也总是以同样的形式出现。无论我的生活何时有了短暂的间隙，这些问题都会随之出现，问道：为什么？然后呢？"

中年的托尔斯泰，就好像在雾天晚上开车，还用光了汽油。他当时 51 岁，他问自己，为什么？然后呢？然后就是死亡。他自己也将不可避免地死去。这个问题想得多了，他就更加抱怨生命不过是"一个愚蠢而恶意的玩笑"。人应该如何应对这种空虚呢？托尔斯泰研究了几个和他条件不相上下的人（受过教育，生活舒适无忧）是如何解决这个问题的。他观察到，人们用如下四种方式解决这个不幸的困境。简单而言：

1. 继续保持无知，尽量别太费神思考这个问题。我们不理解的事情不会让我们失眠。

2. 吃喝玩乐，直到我们的最后一刻。就像广告宣传片里"世界上最有趣的人"那样对待我们的中年时期。保持渴望，我的朋友。

3. 采取唯一勇敢而可敬的行动：用枪、刀、火药或者排气管来解决问题。托尔斯泰说他不会让自己走到这一步，但我们都认识一些会做并且已经这么做了的人。我们可能遇过老邻居吞下整瓶安眠药，然后跳下纽约塔潘泽大桥。不知道他是出于中年时期哲学意义上的勇气，还是无法应对累累债务，或是突然之间的疯狂行为，或者以上都有，不过是一些不同的解释。

4. 就让自己浑浑噩噩地活到寿终正寝，等待最后的指引。除此之外我们也别无他法。很遗憾，托尔斯泰也是这么做的。

　　并不是说他没找到更好的答案，多年来，他在数学和实验科学的光亮里寻找意义，依然没有找到满意的结果。他甚至通过研究哲学来寻求慰藉，并得出结论：苏格拉底、所罗门王和佛祖都将生命看作死神的不经意之作，死神才是永恒的主角。他读了叔本华写的"步入虚无的过程是人生中唯一的好事"。那是一碗罗宋汤，冰冷的罗宋汤。托尔斯泰没有被吓倒，也没有骑着黄蜂牌摩托车四处乱逛，与那些年龄只有他一半的克里米亚美女搭讪。相反，他思考基督教教义的核心本质，再将其与教堂里用来表现教义的雕塑相对照。然后他总结道，其实我们每个人都已经被灌输了基本的基督教教义，人活在世界上，不是为满足低级的动物本性，而是我们通过《福音书》跟随符合人类高级本性的力量，托尔斯泰的研究者厄内斯特·西蒙斯就是这样解读他的觉醒的。关键是要利用这种力量去做好事。托尔斯泰意识到一些人已经没有了这样的觉悟，但幸好并不是所有人。基督教教义很好地被保存在正直的普通劳动人民心中。

托尔斯泰写道："这些劳动人民与我圈子里的人形成了鲜明对比。这些人整日虚度光阴，玩耍娱乐，却还愤愤不平，而那些工人整日辛苦劳作，却知足常乐。他们平静、坦然地接受疾病和忧伤，拥有坚定却不张扬的信念——一切都很好。再与我们比，我们也许聪明，但对人生的意义却懂得不多。我们觉得自己忍受了痛苦然后死去，而他们生来就在遭受磨难，但却能平静地面对死亡和苦难。"托尔斯泰通过重新认识信仰的修复力量，而发现了宗教的召唤。他之前受过宗教教育，但他没有回过头对之前的教条顶礼膜拜，他也没有在俄罗斯的阳光地带建立大教堂。他在《福音书》里找到了想要的答案，就藏在语言朴素的戒律里：控制愤怒和欲望，善待所有人。他在余下的三十年里，是一位信仰基督教的无政府主义者，宣扬简朴苦行，虔诚地信仰"十诫"，却对现有的教堂和独裁政府同样嗤之以鼻。就这样，托尔斯泰发现了这个隐秘的道理，并在中年危机毁掉他的余生之前及时扼杀了危机的萌芽。

中年危机示例二：

要是托尔斯泰在卡尔·荣格那里预约治疗，关于他的困惑烦恼，这个中年俄国人会听到完全不同的解释。在三十几岁时，荣格本人就经历过严重的危机，而他也是靠奋力挣扎才顺利度过的。据他描述，自己"永远是紧张的状态"。他会产生幻觉，听见脑袋里的声音，还会想象石头雨从天而降，雷暴肆虐，情况严重时他就通过练习瑜伽来控制情绪。"我无助地站在这个陌生的世界面前，所有的一切似乎都很困难并难以理解。"荣格在他的书《回忆·梦·思考》（*Memories, Dreams, Reflections*）中如此写道。

荣格对中年时期的不幸遭遇进行了取样分析，加上受印度教的影响，他为自己制订了人生示意图。与但丁一样，荣格的图示也从早上持续到晚上。凌晨，我们的存在是别人的负担，我们的任务是最终拼凑出一个自我意识；下午，处理意识问题，比如对我们父母宣告独立、开始工作、找伴侣、养家；晚上，我们已经是老人了，我们"再次沦为别人的负担"。其中，从三四点到黄昏，我们的生活尤其不平静。荣格观察到，患者到四十岁以后，抑郁程度会戏剧性地上升，尤其是男人。儿童时期埋下的神经特质通常会重出江湖——格兰特研究称之为"睡眠者效应"。

荣格说，这是因为人无法说服自己的潜意识。我们就像阳光一样，在下午减弱，我们感觉到有些东西消失了，类似一种分离焦虑。但跟谁或什么分离？跟之前的我们，即年轻时的自己分离了。我们渴望从前的体力和高效，我们怀念当首席抚养人、首席家庭医生和家庭主宰的日子。在工作上、身体上我们都没有以前那么强大了，此时，已经在工作中获得权力和影响力的父亲，开始逐渐感到虚弱。他好不容易才能穿上一条年轻人穿的紧身牛仔裤，迫切地想要重返青春，他可不想把晨勃藏在裤子里。有些全职妈妈，孩子已经不在身边了，却总是竭力想要重新树立权威，约瑟夫·坎贝尔无情地称之为"权力的恶魔"，这就好像老泼妇不让她大腹便便的丈夫在影音室里吃点心一样，生怕他会把番茄酱滴在躺椅上。

你如此迫切地想回到过去，这种焦灼的渴望如何平息？你又将如何摆脱你的无精打采和忧虑？荣格说，要接受它。到了中年，你就要承认那个年轻的你已经不在，可我们却不这么想，不是吗？研究表明，我们总是相信自己现在如何，就会永远如何。心理学家称之为"历史幻象的终点"。其中一个研究学者丹尼尔·吉尔伯特说："在每个年龄，我们都认为付出的努力能一劳永逸，而事实却全然不是如此。"按荣格所说，一切尝试回到过去的努力，都只能是徒劳无功。和比你更年轻的伴侣发生关系，或者过度饮酒，又或者做整容手术，这样平淡的事情不可能帮你找回以前的你。荣格还写道（此处瞥一眼他的老师弗洛伊德），躺在沙发上，为你潜意识里隐藏的恶魔感到困扰，也不可能让你跟过去的自己和解。相反，你必须找到进入你本质核心的通道，发现内在的真我，而唯一能取得进展的方向就是个性化，让自己成为一个完整的个体。

在荣格的术语中，中年就是如此引发典型性危机的。莫瑞·斯坦因是杰出的荣格精神分析学家，他这样描述："某一天，你从沉睡中醒来，而这天你出乎意料地没有斗志……胜利的果实不再甜蜜……你处理问题和行为举止的老套路让你不自在，对你最喜欢的话题——你的'作品'——孩子、财产、高职位、成就，你也突然自夸不起来，于是你开始思考昨天晚上到底发生了什么，这一切都去哪儿了。"

中年危机示例三：

在我的人生中曾经有一段时间，无论做什么，总能联想到自己的视力即将下降，而目光所及之处，书、电影甚至《纽约客》的漫画，都能联想到我开始走下坡路了。对未来最压抑的预设是约瑟夫·海勒 1974 年写的小说《出事了》(*Something Happened*)，一部最黑色幽默的喜剧，它记录了鲍勃·斯洛克姆——一个中年废物的不幸生活。海勒在构思这个情节时，他之前的作品《第二十二条军规》(*Catch-22*)已经出版，但还不是很畅销。他对于接下来要做什么毫无头绪，然后有一天，当他在纽约火岛的甲板上沉思时，灵光一现想到了这个故事的细节和主角。写这本书非常困难，花了他十几年的时间，从四十多岁一直写到五十多岁。

我的一个朋友，一位经验丰富的编辑，他认为《出事了》是20 世纪下半叶最伟大的小说。但他说，书出版后，他一直没有勇气读，因为读第一遍的时候他就被击垮了，"我也没有再读，直到后来为了研究中年生活又不得不强迫自己去读"。

严格来讲，我也是这次才意识到，不是中年本身让一个左右逢源的人变成一个可鄙、懦弱的浑蛋。鲍勃·斯洛克姆一直是可鄙、懦弱的浑蛋，他从出生的第一天起就害怕黑暗，害怕当自己睁开眼的时候天还是黑的。然而，中年不过是让他更加放肆而已。他怀念年轻岁月，害怕老去，厌恶他的同事（令他害怕的那些人），发现跟年轻女郎鬼混其实也没有别人说得那么愉悦。他整天幻想跟妻子离婚，但又被申请离婚的程序吓倒。每天晚上在饭桌上，他都会被他十几岁的女儿奚落。他那个还没到青春期的儿子"想要把我赶走，丢下我，却给不出具体原因"。还有更糟的，他的第三个儿子先天性脑损坏，让他在社会上丢尽了颜面。从第一页开始，我们就清楚地知道这不是个值得尊敬的男人。每个读过这本书的人都会记得那不朽的开篇"每当我看见紧闭的门，我就心惊肉跳；一看见紧闭的门，就足以让我担心会发生恐怖的事，对我有负面影响的事"。这些让人害怕的事情发生在故事的最后，我就不赘述了。故事中，鲍勃·斯洛克姆一直都不是生机勃勃的，库尔特·冯内古特在《纽约时报》的书评中写道，斯洛克姆的困境属于"活不到结局的情况"——总体来说，存在即是困扰，尤其是在生命困境迭出的肘关节。

托尔斯泰通过基督教教义解放心灵，从中年时期的黑暗中走出来；荣格通过走向个性化而找到出路；斯洛克姆也在中年时期的黑暗隧道尽头找到一丝光亮："我终于知道我长大后想成为什么人。等我长大了，我想成为一个小男孩儿。"换而言之，正如荣格提醒我们的一样，斯洛克姆想念曾经的自己。斯洛克姆说，"我想念那个孤独的小孩"。

就在《出事了》出版后没几年，汤姆·沃尔夫说，又出别的事了。海勒那部阴冷又滑稽的小说的第 569 页，早已预测并提及了文化转变。鲍勃·斯洛克姆的乡下邻居们，做出了疯狂的逐日行为。无论是通过何种方式，他们都决心要成为完整的自己。在沃尔夫划时代的文章《自我的时代》（The Me Decade）中，他嘲笑道：

在乡下，随便什么人都想跟随模仿富足的探索者来重启生活；而这些人又如电影《两对鸳鸯一张床》（*Bob & Carol & Ted & Alice*）里的情节一样，反过来对嬉皮士亦步亦趋。而余下的那些中产阶级笨蛋，则全心全意地朝拜哭墙和科纳拉克太阳神庙。或者整个周末都修炼罗尔夫推拿术；或者被人洗脑，搞什么埃克哈特式小组疗法或者去阿里卡学院学习开发人类潜能。[1] 在沃尔夫看来，这就是美国人精神史上"第三次大觉醒"的开端。

人们意识到，将人的身体重塑、重建、提升或转化成更明智、更完善的人类肉体是一件非常简单的事。突然间，每个人都想套用著名的伊卡璐洗发水的广告语来书写他们自己的结局："如果人生不能重来，去做金发女郎吧！"把"金发女郎"去掉，空白处填上你想要的，比如自由之人、超自然冥想者、原始疗法治疗师、统一教团成员。但沃尔夫却没有在他的巨著中提到所有追求行为的核心——一个有意义的人生故事。

我们事后再客观全面地分析，必然也会对《自我的时代》有了更加深入的理解。按宗教学教授玛丽恩·戈德曼所说，这是美国"追求精神的潮流"的开始，这是"精神特权"时代的开端。突然，我们开始去融合、适应世界上其他国家古老的理念和传统，以获得一种表面上的精神满足。这样的例子不胜枚举：禅宗、瑜伽、太极、非洲鼓、身心整合工作室。在我小时候，精神追求就只有两种选择，去犹太教堂或城里的俄式桑拿浴。这种老式男浴室的

---

1 埃克哈特小组，流行于欧美的心灵疗法互助小组，发起人是当代德国哲学家、心理学家埃克哈特·托利。阿里卡学院（The Arica School），位于智利的人类潜能开发与研究机构。1986年由玻利维亚籍哲学家奥斯卡·伊扎佐创立于圣地亚哥。

房间像迷宫似的，湿气重重，散发着松树般的消毒水味道。稍微多付点儿钱，你就可以请结实的东欧服务员用棕榈叶给你拍背。

这次声势浩大的"精神突进运动"从加利福尼亚开始——能是哪儿呢？它的源头就是加州大学的伊萨兰学院。是的，这个地方是《广告狂人》(Mad Men)里唐·德雷珀山顶顿悟一幕的取景地。这次顿悟（或多或少）使他在最后一集成为更完整的自己。那时国家级的媒体也去现场采访过伊萨兰学院：拍到热澡盆里赤身裸体的男男女女；迷幻药支撑下的心灵转变过程；自我膨胀的交友小组里肆无忌惮的拥抱和哭泣。伊萨兰学院很容易成为被取笑的对象，但事实上，伊萨兰神奇的温泉直接成了主流文化，并开启了新的时代。我还在《时尚先生》杂志时，伊萨兰最早的门徒之一乔治·伦纳德定期为杂志写"终极健康"专栏。他是日本合气道黑带，对合气道十分精通，他不仅将合气道应用到改善中上层阶级年轻嬉皮士的身体状况，还帮助他们理清思路，提升精神力，即所谓实现"人类潜能"。人文心理学的先锋们在伊萨兰聚集，召开研讨会，重点关注个人成长的意义。他们在这里孵化出一个观念：每个人都有实现精神和情感方面满足的权利，即使不是在传统的礼拜的场所进行，我们的这种权利也不能被剥夺。从某种意义上说，加州大苏尔确实是一所教堂。也正是在伊萨兰学院，诞生了一种新的宗教——"没有宗教信仰的宗教"。你可以在灵魂的大浴盘里为自己洗礼，这大浴盘里盛满了心理学的先驱、未来学家、神秘主义者和哲学家，有亚伯拉罕·马斯洛、阿道司·赫胥黎、艾伦·瓦茨，某一天，你还可能在餐厅撞见一些熟悉的脸——黛安·坎农、加里·格兰特、简·方达，等等。

虽说无论过去还是现在，伊萨兰都是一触即溃的：它由男性主导，靠色情和药物带来正面刺激。这一切在杰弗瑞·科瑞写作的《伊萨兰历史》里有全面的记述。这段记述大致还是恭敬的，包含着大量的内心戏。完形派心理学家弗里茨·佩尔斯一直都是伊萨兰的信徒，他去了好莱坞，并在詹妮弗·琼斯家里的泳池边发起了一场放纵的聚会。在这里娜塔莉·伍德被推到了"风口浪尖"。帕尔斯试图跟她发生些什么（完形派是指人类要追求完整，不止零部件的整合，任何事都不可或缺），但他失败了，因此十分沮丧，并将伍德称为"乳臭未干的黄毛丫头"，还想把她放在膝盖上打一顿屁股。罗迪·麦克道尔急忙站出来保护伍德，主动迎战帕尔斯。伍德马上逃离了现场，甚至没说一句再见。据乔治·伦纳德的描述，不久后，佩尔斯与塔斯黛·韦尔德之间也上演了同样的一幕，除了"打屁股"。

　　这样的冲突也是我研究的一部分。藏身在大红杉林的萨满祭司也许非常邪恶，但琳达会保护我的，于是我报名参加了伊萨兰的身心整合工作室。我希望能对神秘的伊萨兰有更深入、全面的了解。从伦纳德为《时尚先生》杂志写专栏开始，我就对这个地方产生了好奇心。尽管随着时间的变化——它在某种程度上已成为一个集体会议中心——我的期望很高，但伊萨兰在很多方面都满足了我的期待，你真的发现自己不知不觉中进入了"这种模式"。在这里，有世界上最壮观的美景：海浪拍击着岩石、海鸟、海豹、夕阳，这一切美得壮观、隽永。男女共浴的温泉也和广告里宣传的一样，让身体比以前更完整。工作室呢？好吧，可以这么说：它不是我的菜。活动总共持续了一周，组织者戴着红色的小丑鼻子和彩色的爆炸头头套出场，宣布开始。然后他表演了哑剧——不算我最喜欢的表演形式——不知是因为我太愚钝还是缺少耐心，总之我理解不了。然后，他递给我们印着动物的纸牌（如果没记错的话，我的印着海狸，而琳达的是松鼠），他指示我们不要看牌，把牌举到额头前面——改编自那些酗酒的帮会小伙所谓的"额前傻瓜游戏"，教室里只有一个人和我们头上有同样的动物，这游戏需要我们走遍教室找出这个人。

这时，我想我这一整个星期追求"完整"的活动，还不如去探索一下峭壁或徒步穿越大苏尔森林。晚上，当我们徒步回来，我读了亨利·米勒的回忆录，是关于他在这里蜿蜒的海岸边生活的几年。几十年后才有了伊萨兰和没有宗教信仰的宗教。不，不对，以前就有伊萨兰，没有宗教信仰的宗教也已经存在很长时间了。亨利·米勒在《大苏尔和海尔诺尼慕斯·博世的橘子》（*Big Sur and the Oranges of Hieronymus Bosch*）里写道，每天早上，他打开小屋的门，举起手祈祷，他祝福树木、鸟儿、狗和猫，他祝福花儿、石榴和多刺的仙人掌，他祝福各地的男男女女。米勒在谈到大苏尔时说，"一片诱人的土地，却很难被征服"，它就是"上帝想让大地呈现的样子"。

同时，回到现实世界，回到当下，我们有理由怀疑：我们正在逐渐意识到自身的潜力，开始追求人类的完整，信仰没有宗教信仰的宗教，这是否让我们曾以为的"中年危机"变得没那么严重？尽管托尔斯泰、荣格和鲍勃·斯洛克姆都承受了巨大的痛苦，但是不是压根就没有一种共同的中年危机？

正如丹·麦克亚当斯观察到的，在20世纪80年代末，无论我们遭遇过什么，都不曾抱怨自己的中年危机。我们开着玩笑，告诉自己应当享受这种乐趣，因为生活迟早会回归平静。这是因为我们当时比现在更有远见、更自信吗？还是我们坚持用同种疗效的眼药水发挥了作用？还是因为我们严格自律，坚持不过度捕捞？或者每天早起做了十分钟瑜伽？还是我们已经被电子科技所麻痹？抑或新一代的抗抑郁药终结了中年的忧郁？又或者说，人类普遍的生命历程中根本不存在什么共同的中年危机？

事实上，如今基本上没有人会和鲍勃·斯洛克姆那时的人一样自我预设中年危机。的确，过去的二十几年里，无数研究都得出结论：中年危机与我们四五十岁时感受的折磨根本没什么关系。《老年医学》杂志的一篇论文告诉我们，25岁的小伙子也会买红色跑车。如果我在40多岁时确实为自己设定了新目标，这是因为我要么已经达成了，要么已经失败，或厌倦了自己的旧目标。毕竟，这也需要一些时间。若我在25岁时就没有任何目标，那我还重新设定什么呢？

简单来说，"没有证据表明，个性会在不同阶段发生特定改变"，一份经过广泛调查的中年研究报告这样总结道，"改变的是……对你而言最重要的角色和事件。人们也许以为，随着年龄的增长他们的个性发生了改变，但实际上是他们的习惯、生命力、健康、责任与外部环境在变化——而不是他们的基本个性。"报告指出，如果你在25岁时就知足常乐、情绪稳定，那么几十年后你依然会如此。确实有很多研究表明，在多种专业领域，人在四五十岁之间应该是最高产的十年。他们说，老年人在回首人生时，总是认为四五十岁是他们一生中最值得回忆的篇章。另一项研究说"当人变老时，会变得刻板、古怪。这种偏见是站不住脚的"。我们对自己人生故事的感受如何，取决于整个人生过得怎么样，而不是具体的某一个阶段。

但也出现了一些卖弄性别差异的研究。中年女性对"具有侵略性、自我为中心的冲动"会变得没那么内疚。关于时间，男人对于提醒他们要亲近家人、抚育后代的暗示变得更加包容了，他们也更愿意在这些事情上花时间。评估已有的成就，并尝试规划新目标的蓝图，这在男性中更加常见。为什么是男性？研究推测，女性在人生中更加自省，天性如此。言外之意，对于女性而言，发现自己的人生不是一帆风顺，不会像被猛地踢中下身那样感到突然和剧痛。

08　插曲：其他声音

　　在这个项目的过程中，我与各种愿意亲密交谈的男女展开对话，他们坦诚告诉我自己的人生故事是如何展开的。我没有刻意追求戏剧化的故事或非同寻常的悲惨人生，或者有神圣使命与光荣傍身的生活。他们都是些普通人，年龄跨度从二十几岁一直到老年人。据我所知，其中没有特别富有或特别穷的人。他们都名不见经传，也没有理由相信百年之后还会有人记得他们。我主要是想进行一个真实的考察，关于人们如何看待人生故事，而人生故事里有章节、人物、转折点、开头、中间，以及迟早会迎来的结局。

　　跟我交谈的好几个人，都对我窥探别人的人生故事这件事心存疑虑。他们劝我说，这可是一件冒险的事。难不成谁去世后，我会因此成为普鲁塔克这样的历史学家？当我告诉朋友我正在努力写一部关于人生意义的书时，他瞥了我一眼。就像奥斯卡和菲利克斯一样，在我们还都是纽约城里的年轻编辑时，我们几个就开始不停地争论，不管争论些什么，都是几十年前的事儿了。奥斯卡有些烦人（他的妻子半开玩笑地说她的墓碑上会写"生前已被纠正好"），但他异常聪敏，我很重视他的建议，这倒也不是说每个路灯下都有圣人指引，事实上，我把"圣人"输进克雷格搜索栏，只获得一个结果——芝加哥的聚会策划人。

"你在谈人生的意义，对吧？"奥斯卡问，"这就是你说的重点？"

我点点头。他刻意压抑着的进攻性格，我是知道并熟悉的，我已经做好准备接受他的攻势。奥斯卡建议我要格外小心，他说不是每个人都能这么"奢侈"——有足够的时间和方法——去寻找人生的意义，只有上层 1% 的人才可以，这就好像得到一张汉普斯顿的停车券那么难。他说，那些家中有小孩或有老人需要照顾的读者，打两份工或者找不到工作的人，不住在纽约或者洛杉矶的人，全世界几十亿信仰上帝的人，所有这样那样的人，注定要对我这种为"意义"瞎折腾的人感到生气。奥斯卡继续说着，明显是要发射另一枚攻击导弹：不仅如此，我曾经的职业不具有"典型性"，并给很多人八竿子打不着的印象。

我很想反驳，但我忍住了。随着年龄的增长，我变得越来越不计较一些事，谁有空争辩呢？如果是在年轻时，我恐怕已经开始长篇大论，说寻找意义如何不是一件奢侈的事，研究又是如何表明，无论在社会经济的上层还是底层，那些挣扎着想发现人生意义的人普遍承受了一系列精神疾病和恐惧，甚至滥用药物。寻找人生意义对于那些生活舒适——有更多选择、消遣和物质欲望的人来说更具有挑战性。因为这些都会让人搞不清重点所在。在人类历史上，无论贫穷、富有，不管你是法老还是穴居人，无论如何都要面对同样的黑暗深渊。调查表明，个人的情感依赖是生活满足感的主要决定因素，远比收入、年龄、性别、种族或考试绩点这些要更加关键。我和奥斯卡都知道我的职业飘忽不定、无法预测，好在我年少无知的时候运气比较好，但我的人生还是不具有"典型性"，我还想问他谁的人生是比较典型的，顺便也审视了一番自己的人生。

我感谢奥斯卡的反馈和担忧。我告诉他我会很谨慎，并且一定会大声而清晰地说出我有多么感恩——真的很感谢——我现在能有时间去思考我为什么在这里，以及我们为什么在这里。

接着我又跟奥斯卡简单争辩了几句，具体为什么我已记不清了，但我肯定那是很紧急的事——比如，莱斯特·杨和柯曼·霍金斯到底谁的萨克斯管吹得更好？

我没有退缩，仍然奋力前行，与完全陌生的人讨论人生、死亡和意义的问题。我没有提任何楼上作者的事，我只是用下面这些问题来激发他们：

你曾思考过所谓的人生意义吗？

一个 65 岁左右的男人说，他一直都在想。他和妻子已经习惯了念书给对方听。他说，当你读严肃的小说时，里面的人们总是在应对生命中重要的东西（此回答可在我的书里赢得一颗金色五角星）。

回首人生，哪个章节是你觉得最没有意义的？

一个 50 多岁的女人说，是她做律师的那几年。"每周 50 个小时机械般的劳动强度和为了争取更多付费时间的常规压力。"

如果找人来叙述你的人生故事，你愿意让谁的声音来读？

一个 25 岁左右的女人说：约瑟夫·坎贝尔。她解释道，她想从神话的角度思考人生，把它当成一种旅行。

在你成长过程中读过的书里，有没有特别能产生共鸣的角色？

一个三十出头的女人提到史葛特·奥特尔写的书《去杜姆亚特的路上》(*The Road to Damietta*)。她说这是一个关于年轻女人爱上圣弗朗西斯[1]的故事。为了留在圣弗朗西斯身边，她放弃了财产，剪掉了头发，还要照料麻风病人。她在这本书里找到了生存的意义。

你认为五年、十年后，你的人生将会发生怎样的变化？

一个年近六旬的男人说，他没有什么活动清单，然后他转移话题，开始谈论他的儿子，一个快三十了，另一个刚三十出头。这个男人担心他的两个儿子在工作上不顺利。如果真要他列一张任务清单，主要内容也是帮他的儿子们解决一些问题。

如果什么都能选，你想在这个世界上留下点儿什么？

一个四十多岁的男人说："我女儿。其他的我也想不出来了。"

跟我说说时间，你在意它吗？

一个中年将尽的女人说，科技让她"超级"专注，但都专注在那些她认为不值得的事情上。她说这是人生中第一次常常丧失时间概念。她很快澄清道，她不是得了可怕的健忘症，而是这些

1　圣弗朗西斯，13 世纪意大利修道士，提倡人与动物和谐相处，他在阿西西岛的森林里与动物一起生活，并要求当地村民在 10 月 4 日这天"向动物们致谢"。20 世纪 20 年代人们为纪念他，将 10 月 4 日定为"世界动物日"。

有线频道还有八卦网站如 TMZ、YouTube、Facebook、Pinterest、Yahoo 新闻，都没什么值得看的！如果你问我，答案就是我们持续碎片化地关注所有的琐事，却几乎不曾认真关注过一件事。我在某处读到，50 岁及以上的人每周平均花 30 个小时上网。假设你还能活 20 年，光是看股票行情和在社交网上晒你度假毛衣的照片，在这两件事上你就要花费 3 年半。

大部分人刚被问到以上这类问题都备感荣幸。随着状态逐渐放松，他们会坦白一大堆"本应该"和"本可以"，还有"本来会"。假如没有这样那样的阻碍，去了不该去的学校，按父母意愿做事（或者没有听父母的话，而他们就对了那一次），还要养家糊口，我还能做什么？那个时候又年轻又愚蠢，也没有勇气。如果我当时就能明白现在明白的事，那该多好……

对这些汹涌而来的"本来会"和"本应该"，我一点也不意外，我以前就听到过。多年前我写了一本书，主题是为何很多人会把金钱和人生中真正重要的事情混淆，一辈子都在跟钱较劲，钱使人妻离子散，混淆优先权，模糊人生意义。我其中一条结论说，我们其实并不确定钱能做什么，或者像叔本华说的：我们只是认为它会实现所有愿望，以带来抽象的情感满足感。

为了让读者能对金钱物尽其用，我的书里还引用了一条从财务顾问那里学来的建议，即让你想象假如自己只剩下 24 小时生命——因此，尽力想想"你还没实现的身份""你还来不及做的事"。你可能会说这两个问题的答案太多了，不是吗？但结果却不尽然，我们的答案不外乎以下几种：没有得到足够的回报，没有与我们爱的人和解，工作太努力了，不够有创造力。

在写这本书时，我的采访结果和这几种答案如出一辙。大量"本来会"和"本应该"是因为人们遗憾自己没有将潜力开发好，基本上都是"我不够有创造力"。一个中年妇女告诉我，她现在还幻想成为摇滚乐队的主唱；一个中年男人私下认为自己是约翰尼·卡什[1]第二；还有人试图重拾绘画的热情，这种热情从大学开始就被深埋在心底；他身边还有朋友正在旁听新闻写作的课程。

至于经历"肘关节"究竟是种什么样的体验，以下是一些人的回答。

一个即将步入中年的女人，正在进行博士后研究，她说自己正在经历人生中最失落的阶段。她希望自己从未开始这条学术之路。几乎在一开始她就意识到自己犯了一个错误，但她"没有勇气重来，害怕被别人当成失败者"。她说，她没想到完成博士论文竟是如此无用的经历，任何由此产生的知识都毫无用处。在找工作时，更是无用到绝望。她已经找了一年半的工作，还说如果时光能够倒流，她会选择去读工商管理硕士。她说："我觉得自己大材小用，但又彻底缺乏基本技能。"

一个年过五十，生活在美国中西部中等城市的男会计，不停地对我讲述自己在工作时有多开心，然而职业满足感对他的余生并没有多大帮助。他说他知道"幸福源于内在"，但还是会不断与做整形医生的朋友谈论假发移植。他还一直在跟我拖延时间。他说："外貌的改变也许会改变人们对我的看法，但我的内在还是一

---

1 约翰尼·卡什，美国近代乡村、流行、摇滚与民谣界最具影响力的创作歌手之一，他以浑厚而深沉的男中音、简约有力的吉他，创造了属于自己的独特声音。他是许多不同阶层的美国民众的代言人。

样的。"

还有一位跟他同岁的女士，生于美国，现居国外，渴望拥有一个"写作人生"。她是英语文学硕士，毕业后在企业工作，后来结婚生了三个孩子。她把第一个小孩的出生看作人生最有意义的篇章。她从休产假时开始写一部小说，连续写了十年，遭遇过无数次退稿，最终书还是出版了。她说自己因为小孩未到学龄要待在家的时候，只能偶尔写写，时不时写篇书评，但她渴望能做得更多。她说，如果早知今日，她一毕业就会开始写作，那时候时间要多得多。她希望年轻时能对自己要求再高些，"更自信、更坚强"。她说，不是拖延症毁了她，而是一些更隐蔽、更致命的东西。她以为自己不够"好"，所以就退缩了。

一个45岁左右的男人，住在加州北部，提到他的父母——博物馆馆长和图书馆馆长——如何热爱他们的事业时神采飞扬。他说，他们的工作就是爱好，这是最理想的状态。不仅如此，他们喜欢周末去拍卖会，一起保养家具，因此整个周末都很开心。他说他后悔把自己的大半个职业生涯都浪费在企业中，在那里，他"以玩乐的能力为代价锻炼了工作能力"。

还有一个女人，正要步入"肘关节"，她住在美国东北，曾用两年时间为军队性虐待受害者提供咨询。她发现这份工作令人沮丧，因为问题进展极小，而这又十分普遍。她说，其实只有"媒体能折腾出动静来"，却没有什么实质变化。目前，她在一家致力于女性健康的非营利机构工作。她对这份工作怀有极大热忱，但这工作不允许"表达个人观点"；她的发言被局限在官方讲话要点中。她最近也戒酒了，而过度饮酒曾经是她人生的"大麻烦"。她说，步入中年就是一个鲜明的转折点，认为人一旦过了二十多岁的年龄，就要为自己的选择负全责。

一位年近花甲的妇人，患了一身病——克罗恩病、胰腺状况被误诊后，又两次中风——她说她很幸运，与丈夫关系很好，谢天谢地，她丈夫一直在照顾她，一切都是最理想的状况。

一位弗吉尼亚的保险经纪人，65 岁左右，重新细数了他人生中的各种不幸，他总结道："它们让我意识到人生的无常——随时都可能发生任何事。"他告诉我，他深受佛教教义吸引，希望这些能帮助他渡过难关。

在交谈中，我不时地会将话题扯回那个焦虑的主题，并抛出这个价值万金的问题：

意义，你曾思考过它吗？你人生的意义。

正如奥斯卡警告我的，有些人会变得暴躁、愤怒。他们说自己正忙着生存，没空盯着肚脐眼想这些无聊的问题。确实，这几年来，90% 的美国家庭的实际财富正在减少。单亲家庭和双薪家庭都很努力地挤出时间与孩子相处。还有成千上万的中年人，没有足够的退休积蓄，有些可怜。

"'意义'，你是什么意思？"一个女人反问道。我解释完后，她的反应就好像我说我在编一本手工奶酪指南。"哦，"她用大嗓门突兀地惊呼道，"人生的意义！说得真及时！"

她说得没错，这个问题是很及时。自打有时间概念以来，这个问题就一直很及时，但我还是制住了怒火。我本应该说，从亚当和夏娃咬了苹果那一瞬间起，这个问题就很及时；当我们用木棍和石头写字时,当无名的美索不达米亚人在泥板上刻下《吉尔伽美什》("你永远找不到你所追寻的人生")时,它就很及时。当老子用毛笔写下《道德经》("天地不仁,以万物为刍狗"),它也很及时。希腊人如果没有夭折,几乎能和现代人活得一样长时,对于他们来说也很及时。当基督再临,指引我们天堂的方向,这很及时。即使两千年后,当尼采宣布上帝已死("我们没感觉到宇宙空虚的气息吗?我们应如何安慰我们自己?"),它也丝毫没有不及时。当哲学家、数学家、社会活动家和坚定的无神论者伯特兰·罗素在他的自传里声称,意义包含三个方面:"爱,因为爱可以消除寂寞;知识,理论上知识让我们知道宇宙如何运转;同情心,同情心让我们听见落后苦难的世界里那些受迫害的人发出痛苦的呼喊。"此时,这个问题一样很及时。当《时代》周刊在它著名的1966 年的封面上提醒我们上帝仍然死了时,它更是及时的。两年后,当《全球概览》呼应尼采一个世纪前的主张("我们就像诸神一般,也很可能和他们做得一样好。")时,这个问题,还是一如既往地及时。

当爵士乐评论员纳特·亨托夫(他的大写锁定键明显坏了)给低音歌手查尔斯·明格斯回信时,这个问题同样也很及时。某天夜里,查尔斯"感到很痛苦……那些无解的大问题浮现在眼前",于是他给纳特写了封信,以下是纳特的回信:

YU WO ER YAN, REN DE YI YI, REN WEI SHEN ME YAO SHENG CUN XIA QU DE YUAN YIN, SHI RU GUO TA HUO LE…JI QIAN WAN NIAN, TA YE YONG

YUAN BU HUI SHI XIAN TA SUO YOU DE QIAN NENG,
YONG YUAN YE BU HUI CHUAN DA HUO CHUANG
ZAO YI QIE TA NENG ZUO DE SHI QING。SUO YI TA
XIAN ZAI BI XU YONG TA YOU XIAN DE SHI JIAN WEI
WEI LAI CHUANG ZAO JIA ZHI HUO YONG GUO QU
WEI WEI LAI ZUO PU DIAN, ER BU SHI BA TA DANG
CHENG MO DAO SHI, MO LI NEI XIN SHEN CHU DE
ZUI E HE KONG JU。HUO ZHE XIANG WO XIAO SHI
HOU ZUI XI HUAN DE GONG HUI GE QU JIE WEI NA
YANG CHANG DE: TA DE YI SI SHI, JIE SHOU TA, BIE
SHENG QI, DAN YAO JIE SHOU TA。

　WO BU ZHI DAO ZHE SHI FOU HE QING HE LI,
HUO YOU REN HE ZUO YONG, DAN ZHE JIU SHI WO
XIANG YAO DE。

NATE[1]

　　但不管这个问题在过去、现在和未来有多及时，它都不是一个容易讨论的话题。一天晚上吃饭的时候，我拷问我的一些朋友，是什么让他们的生命变得有价值，他们却宁可去研究猪小肚和桌上其他十几盘菜。为了抢占话语权，我又重新开始那个熟悉的聚

1　"于我而言，人的意义，人为什么要生存下去的原因，是如果他活了……几千万年，他也永远不会实现他所有的潜能，永远也不会传达或创造一切他能做的事情。所以他现在必须用他有限的时间为未来创造价值或用过去为未来做铺垫，而不是把它当成磨刀石，磨砺内心深处的罪恶和恐惧。或者像我小时候最喜欢的工会歌曲结尾那样唱的：他的意思是，接受他，别生气，但要接受他。我不知道这是否合情合理，或有任何作用，但这就是我想要的。纳特。"

会游戏：如果被困在荒岛上，你会用什么来熬过孤独无援的时间？不得不承认，我的朋友们不是集中注意力的好榜样，除非我们是在研究那些惯爱讥讽嘲笑的中年美食家，探索他们的心理结构图。一个人，思考了一下自己需要什么来战胜孤独和绝望，然后他说，他会祈祷把 8 公斤重的大麻也冲上岸。另外一个看起来爱说教的人温和地表示反对，他说如果岛上能酗酒，他会选胃酸抑制剂——兰索拉唑，如果不能，那就换成大量的常见抗抑郁药——安非他酮。

09　喘息的空间

中年生活一天天地过去，我们的逝去的岁月变长，而未来变短。我们精确地知道过去了多久，但不确定未来还有多长。在《时尚先生》杂志时，我曾雇用过一个大学生，那时他刚刚走出大学校门，而现在也已经 59 岁了，他最近却突然去世了。那时他还是个孩子，不是吗？看着日益减少的未来，我们可能有了计划，也可能还没有；或者我们的计划就是在一切为时已晚前亡羊补牢。或者我们甚至连这样的计划也没有，现状和未来都看起来十分空虚、灰暗。无论我们是否有计划，过去仍然会越来越长，未来也会越来越短，这是一种零和博弈 [1]。这就是为什么在中年时期我们脑海里的常驻作者会像猫一样焦躁不安，迫切地想让故事往切实可行的新方向

---

[1] 零和博弈（zero-sum game），与非零和博弈相对，是博弈论的一个概念，属非合作博弈。指参与博弈的各方，在严格竞争下，一方的收益必然意味着另一方的损失，博弈各方的收益和损失相加总和永远为"零"，双方不存在合作的可能。

发展。弗吉尼亚·伍尔芙在她的日记中写道："在46岁的时候，人会变得惜时如金，只把时间花在那些必要的事情上。"

好吧，这也许不是一次彻底的危机，但有些事情确实发生了。

一个住在巴黎的异乡人在报纸专栏里哀叹，一个45岁的女人漂在世界存在主义的中心，这是一种怎样的体验？她抱怨服务员称呼她为"夫人"，不带任何讽刺意味。（哦，天啊！）她发现"再也没有成年人了"，每个人都只是在"临场发挥"。如果说真有好的一面，那就是她不用再假装喜欢爵士乐或因为不会煮韭菜而感到自卑。（说真的——煮韭菜有什么难的？）

或者你就和诺拉·艾芙琳一样，单纯是觉得脖子容易泄露年龄而对此不爽。

抑或是你刚过40岁，明知自己婚姻美满、全家安康，但还是在洗澡时不自觉地哼唱佩姬·李的《这就是所有的一切吗？》。

还记得《不朽的自我：生命与时代》封面上那个小脸红红的婴儿吗？拍这张照片时，她所需要的不过是食物、温暖和安全感，但最终，我们想要更多。荣格说，正如孩子需要食物，人类的灵魂迫切需要意义。荣格统计，他有三成多的病人都在忍受人生中的"无意义和无目标"。他说，每个超过35岁的病人都在与精神较劲，借用哈姆雷特的话说，他们觉得这个世界"疲倦、陈旧、平淡而且无用"。

人生意义不是什么奢侈品，而是一种必需品。维克多·埃米尔·弗兰克宣称，我们都有着"寻找意义的意愿"。我们人类在三个维度上生活——身体、心灵和精神，就是精神维度促使我们去寻找我们为何存在的答案。弗兰克写出了《活出生命的意义》（*Men's*

Search for Meaning ），这本书超凡脱俗，他因此声名鹊起，也算是实至名归。这本书一开始在美国出版的原题稍稍逊色些，叫《从纳粹集中营到存在主义》。如果你还没读过，那我推荐给你，这本书已经销出逾千万册。严格来说，它不是讲述大屠杀的回忆录，尽管弗兰克在纳粹集中营的个人经历十分扣人心弦。他在如此恐怖的大背景下，阐述了他所谓的"存在主义疗法"的基本原理。"存在主义疗法"是治疗感情问题和特殊癖好的分析性框架。在这些原理中有一条是说我们需要"反抗精神"，即使面临强大的挑战，也要坚持达到目的。心理学家保罗·黄说过，从宏观角度看，"存在主义疗法"（Logotherapy，logos 希腊语中是"意义"的意思）是让人"活得幸福、死得安息的完整蓝图"。这种观念的前提是人生在任何情况下，即使是最糟糕的逆境里，都是有意义的，而我们最主要的生存动力是在其中找到价值和目标。"自我超越"本质上是与比你强大的东西连结在一起，这需要不断自我提升，培养信念、勇气和同情心。

怎样才能彻底达成这些目标？在弗兰克的文章里你找不到具体的待办事项，也没有十步速成法。弗兰克写道："人生真正的意义是活在这个世界上，而不是个人或他自己的精神里。"你越是投入你热爱的事业或心爱的人，你就越接近人生的意义。正如 T. S. 艾略特写到的："做有用的事，说勇敢的话，想美好的事——一生足矣。"根据弗兰克的观点，你也许会在自然、艺术和工作中发掘到有用、勇敢和美丽的事情，或者至少发现一个人的独特之处。但在发现这些之前，你要经历令人难以忍受的痛苦。弗兰克说我们每个人需要的，不是"松弛舒适的状态，而是为了一个有价值的目标、一份自己选择的工作付出努力和奋斗"。

他的另外一本书《医生和心灵》(*The Doctor and the Soul*)，比《活出生命的意义》更加专业。在这本书里，他用很大篇幅阐述了工作的意义，因为工作在我们的生活中具有核心地位。如果我们活得很充实，通常都归功于工作，而更多时候，工作为我们空虚的生活背了黑锅。我们花大量时间去工作，自我价值源于工作。弗兰克对这个问题进行了充分的解释，他把我们从工作中获得的社会地位、物质奖励与工作给予的意义做出区分。他说，职业本质上是无法提供救赎的。举个例子，你可能是一位医生或护士，这两种职业都需要必要且精熟的业务，但意义却不在于做出正确的诊断、准确地开刀，或者抽血和清理伤口。这些任务虽然重要，但不能满足人类精神上的需求。弗兰克说："医学的艺术不在于医学手段，在于对病人说出合适的话。"这句话也适用于当前医生的困境。一位年轻的外科医生在《时代》周刊上坦言，超负荷的工作和过度疲劳导致医生的自杀率是其他行业的两倍多。"因为他们连措辞的时间都没有，他们的工作根本毫无意义"，弗兰克说。"不管怎样，我们首先要做好人，不管什么生意、什么工作，白领还是蓝领，无论多么卑微，都要这样。"

失业简直是毁灭性的，直接导致了"存在虚无"。弗兰克说："没有工作的人要度过空虚的时间，就会产生内心和意识的空虚。因为一个人没有事做，就会觉得自己是废物。没有工作就觉得人生没有意义。"这也是教宗方济各在 2015 年所要传达的，那年他就全球的困境发表了通谕，痛斥化石燃料的疯狂消耗带来的环境危机，他观察到，"经济发展正在倾向于科技工艺，通过裁员和以机器替代人工从而降低生产成本"。教宗宣称，工作"是一种必需品，是这个世界上人类意义的一部分，是人类成长的必由之路"。

　　个人而言，我同意弗兰克的观点，即在我们的行为和事迹中找意义；在我们与他人相遇相知的过程中找意义；在我们如何克服面临的挑战中找意义。但我还想自以为是地补充一点被弗兰克和教宗忽视的关键——根据这些来编写故事的必要性。毫无疑问，我们有身体也有大脑。很明显，两者都很重要，身体和大脑分别让我们在实体和精神的维度生活，他们能完全证明（以感官和思想的形式）：是的，我们确实是存在的。但如果大脑缺乏叙事机制，故事就不会自己水到渠成。于是，我们楼上的小伙伴就要介入了。如果不是某人（这位蹩脚的作者）把我们的身体感官和心理活动编写成故事，一切都会没有意义。编写故事的过程，显然是在储存我们记忆的脑区附近完美实现的，这也是为什么在人类千万年的进化后，我们的常驻作者仍然居住在大脑里，而不是别的什么地方，比如幽门括约肌或其他不可描述的地方。

　　虽然追寻意义是十分基础且必要的，但它也能将你累垮，尤其是当你已经步入中年的时候。一天下午，天空是钢铁般的灰色，我盯着封冻了一半的密歇根湖，不由得想起父亲那十分短暂的中年时光——转折之年。我记得他不是个忧郁的人，肯定不压抑，但我还是能想起我父亲经常面无表情地盯着空白处看。那时他刚刚人到中年，43 岁，家里有妻子和两个小孩。那时还没有现在常见的神奇药物和外科手术。有段时间，他随时都有心脏病发作的危险。

　　我盯着湖面，想起从前的每个周日晚上，电视里播放着《艾德·沙利文秀》，而我父亲似乎总会叹口气，自言自语道："好吧，明天回盐矿。"那时我不理解，他是微生物学家，又不是盐矿工人，也不带镐去工作，他带的是一个旧旧的棕色皮质公文包，里面装满了他未完成的期刊文章手稿。周六早上，他常开车带我去医院里的实验室。那里是烧杯、漏斗和烧瓶组成的水晶世界。他很开心地向我展示显微镜是如何操作的，他点燃本生燃烧器向我演示化学反应。我还记得那个地方的味道——淡淡的金属味儿。他热爱这个小世界里的一切，他的研究贡献也得到了认可，但也许这些还不够，不然他为什么还会常常叹气，这又是为什么呢？

放眼眺望密歇根湖，我又开始联想。维克多·弗兰克提出，追寻人生的意义就像是某种流行病。他不是说我们必须整日郁郁寡欢地坐着（尽管我们中有些人是这样的），但他也确实说过对意义的需求会不时爬上我们心头，弗兰克称其为"周日神经衰弱症"。当一周的忙碌终于谢幕，它就会乘虚而入。这一周我们越忙，跑得越欢，周日时我们心灵的碰撞就越激烈。约瑟夫·海勒笔下的鲍勃·斯洛克姆就深受其害。"周日是致命的，空闲时间毁人不倦。"他在《出事了》一书的中间部分写道。

在湖边那时，我意识到父亲也有这样的经历，要不然我永远不会把他与那烦人的斯洛克姆相提并论。我父亲一生过度操劳，他的父母也都英年早逝，他成了孤儿，在高中和大学时就半工半读，还要帮忙抚养弟弟们。他大学毕业时年纪小得不可思议——19岁吧？由于民族份额政策，他没能进医学院——比如在耶鲁，犹太裔学生的申请表上都会有个明显的"H"记号——但他一口气取得了微生物学的高等学位。他没有被卷入战争，因此有机会研究新一代抗生素。我姐姐出生时他已经30岁了，到我来到这个世上时，他35岁。写《医学实践中的抗菌治疗》这本书时他43岁，这本书母亲总是放在家里的显著位置。他第一次心脏病发作时44岁，去世时才47岁。所以当那些星期天晚上，《艾德·沙利文秀》刚开始，而他便大喘气时，他才刚刚步入中年，也许他需要的只是片刻的喘息，一个能让他重新调整的机会。坐在湖边我就想，如果他能短暂地休息一下，也许就不会这么早去世了。

然后我想到一点：如果人生像曲棍球赛一样被划分为明显不同的三节，那会怎样？生物学家早已经把人生历程分成三个明显的成长阶段：进步的、平稳的、倒退的。按人生故事来讲，万一第一阶段在40岁时结束，第二阶段在60岁，第三阶段走向痛苦的结局，该怎么办？这是很有趣的地方：如果人生和曲棍球比赛一样有两个休息时间，一个在第一、第二节之间，另一个在第二、第三节之间。任何人——无论贫穷富有，无论是工资稳定、小时工还是失业人员——都有权利享受这两个公休假（而不仅是终身教授才有）。如果早知道会有假期，你可以在很早之前就开始计划，如果能提前计划坐飞机旅行，也不会带来讨厌的机票变更费。当然，这些休息时间也不能被解释为度假，它们是工作出差、外出静修，这时你跟你楼上的故事作者都可以停下来喘口气，重新找找方向。行程安排？以下这三大点就是了。它们都适用于这两次公休假。

1. 回顾你目前为止的人生是否有意义。

2. 评估当下是否有意义。

3. 集思广益，趁还来得及，需要做点什么才能让它变得有意义，换言之，考虑如何做才能在人生的尽头安息。

试着想象一下，如果托尔斯泰、荣格或者鲍勃·斯洛克姆在40岁前也能如此奢侈地享受外出静修，肯定会有所不同。想象一下，如果《黑道家族》里的托尼·瑟普拉诺，《绝命毒师》里的沃尔特·怀特或《广告狂人》里的唐·德雷珀都能在中年之前享受到公休假，结果将会怎样？假设你在正值中年或中年以后已经度过了公休假，已经客观评价了自己的表现，评估了你的人生是否足够有意义。如果没有，去制订计划吧！在条件还允许的时候做点儿什么。如果经济条件不允许，你可以利用外出静修的时间去思考怎样做出一些改变，哪怕仅仅是态度上的改变。

所以让我们想象一下，这样的外出静修可能会是怎样一种场景。你将驾驭那危险的"肘关节之年"。你和你的常驻作者在万怡酒店的会议室里。那里有巨大的黑板架，上面夹着一本便条簿，桌上有一盒彩色记号笔以及一盘糕点。手机已调至飞行模式。假设你的作者在这样的场合很随意，如同正在高尔夫度假区：他穿着汤美·巴哈马牌的短袖开领衬衫、打褶的百慕大式运动短裤、深色及膝短袜、渔夫凉鞋，头戴蒂利牌遮阳帽。他这样可不大好看。

如果你像我一样被迫去过一两次外出静修，无疑会对以下这种行为很熟悉。这时，你是会议主持人，从离甜甜圈最近的地方开始引导谈话。你的故事作者溜须拍马，"自愿"在那本巨大的本子上做笔记，他边走边把本子的纸撕下来，又用胶带一张张贴在房间里的四面墙上。你已经确定的议程——回顾！评估！头脑风暴！——两分钟后可能就要中止了，有人会提出一些本应准备、但却没有准备好的问题。事情照常进行着，我知道我们都想尽力说到重点，但你不认为在我们想出如何达到目的之前，是否应该搞清楚这个所谓意义的重点到底是什么？此时，你和你的作者开始抛出所有可能的答案，你的作者将它们记在大本子上：

意义就在于……

信念？希望？慈善？

"出生，死亡，婚姻？"

成功？成就？影响力？

遗产？

繁衍后代？

个人"成长"？

上帝或诸神？

善良（如何对待别人，等等）？同情心？

知识？智慧？

金钱？名声？性？

家庭？朋友？社区？

幽默？

工作（做自己喜欢的事）？

艺术（最宽泛的概念里的）？

自然？

爱？

快乐？☺

你的故事作者很愤怒，事情为何如此拖沓？——作家都讨厌这种会议——他更倾向于与快乐相伴，让会议见鬼去吧！他只想逃离那里，意义就是快乐，每时每刻的快乐。然而如果能退一步，他会意识到如果想让整个生命故事都只有快乐，就是一条走向自我放纵和失望的不归路。快乐不是目的，而是一种结果。快乐是其他东西的副产品。

所以退后一步，将目标设定为"整齐划一""战略集中""所有人步伐一致"。但贴在墙上的这些答案，刚列举出来就不免遇到责难。某人对其中一条抨击一下，然后排除。艺术？太深奥了。上帝或者诸神？意见太分歧。大自然？如果你过敏呢？外出静修的目标是想出一条你在家里想不出的结论。可惜的是，一般都不能如人所愿。根据我的经验，外出静修通常只是让我们把知道的那点儿东西重新组合而已。

你看着你的作者，他也看着你，事情陷入僵局。好吧，最后你说，让我们从一个不同的角度来解决这个问题。如果知道我们在这谈论的是谁的意义，是否会有帮助？是"现在的我"的意义？"理想中的我"的意义？"真正的我"的意义？这到底是谁的公休假？

待我们人到中年，脑海中的故事作者也不能完全确定她在为怎样的自我组合服务。我们不该称其为身份"危机"，应当称其身份"冲突"。把"危机"这词儿留给你的青少年时期吧，那时你还无法从一系列互相矛盾的身份中做出选择，也无法决定自己是否拥有初始身份。

据叙事心理学家所言，我们一生中会测试出很多种的自我。

我们不费吹灰之力地在这些自我中轻松转换，如同在换袜子。这是西方文化的观点。而虔诚的佛教徒并不关心穿哪双袜子，成为哪种自我，他们的存在是"无我"的。在佛教教义中，自我，与其说是"自性"，不如说是一种"过程"，因为佛教的"无我"存在于永恒，与其他众生与宇宙间的关系截然不同。"无我"和宇宙是和谐统一的。身处西方的我，尤其是在伊萨兰学院时，被这个想法所吸引，因为这听起来很温和，让人放松。但想要达到这个"无我境界"非常难。所以我们只能不断地在众多自我之间转换，以求能在某一个自我中，让我们感觉到自己和其他生命乃至宇宙更加亲近。

到底哪一个才是这样的"自我"？乌尔里克·奈瑟尔被称为认知心理学之父，他提出我们至少由五种自我编织而成："私密自我"，住在我们内心经历的深处（"我是我，而你不是"）；"生态自我"，和周围环境息息相关（"此时此刻我在此地"）；"社会自我"，是在和他人互动时暴露出来的（"此时我就在这里和你互动"）；"观念自我"，这属于社会或文化范畴（"我是丈夫，美国人，我一直是傀儡、贫儿、海盗、诗人、人质和国王"）；以及"短暂延伸的自我"，这是我们关注的重点，它是活在人们记忆中并投射到未来的自我。

多重的自我并不意味着精神分裂。那些德高望重的思想家已将我们的本质定义为由多个自我合成的有机物。1890年，威廉·詹姆斯提到"自我的自我"，你的身体和财产是你"物质的自我"，你的社会关系是你"社会性的自我"，你的价值代表你"精神上的自我"。这些自我的成分有时会相互矛盾。无论什么原因，这个或那个自我都会掌握大权。比如以下情况，你精神上的自我可能会与你物质上的自我难以共存——对于在街角徘徊的女人而言，买一双 800 美元的普拉达拖鞋简直是天方夜谭；但她的其中一个自我会在另一个自我耳边轻声说："管他呢，我只活一次，人生苦短。"

根据故事作者的理论，中年时期的经历不过是你这些多重自我中的一个，厌烦了这些自我组成部分之间的纷争。"这些自我希望能携手合作，保持一个真正的自我。"语言学教授乔治·莱考夫写道。对目前生活不满意的人们来说，这很普遍。你可能会觉得你的工作得不到应有的回报，或者你整个生活方式和你真正理想中的生活在某种程度上格格不入。因此，你真正的自我坚信，只要能抽出时间来，你的生活会发生戏剧性的转变，你真正的自我宁愿把你的工商管理硕士学位换成一个神学学位。

但也有例外。有些人对眼下的自我很满意——以一种令人生厌的方式。"我看一年级时的我和现在的我，基本上是一样的。"唐纳德·特朗普说道。马克·库班，NBA 的加盟商，一个身家亿万的破坏分子，他说他知道他是哪个自我，给他全世界都不换。他在某篇杂志文章中宣称："若有来世，我希望我还是这样的我。"（顺便说下，这篇文章的题目是《12 岁的主人》。）如果你能有幸成为特朗普或库班脑子里的作者，那可是令人歆羡的美差。你主人的自我志得意满——他知道他是谁，他的故事就是他的故事，而且态度坚定——这样，你下午基本就没事可干，只好待在健身房了。

丹·麦克亚当斯争辩说，你每个阶段的自我都是在一个复杂的过程之后发展而来的。我们从九岁十岁时开始明白，我们的需求并不总能马上得到满足。我们慢慢意识到，实现自身目标、满足自身欲望有时需要时间。我们也了解到，我们与故事里的人物一样也存在动机。我们积极地爱与被爱，去变得强大，去实现成就。我们的动机促成了前文所说的"个人神话"的产生，即我们创造的关于自己的故事，一个独一无二的故事。一个"细致的、自觉的，关于过去的传记类描述，因为全面、完整而被高度评价，并呈现给自己和他人看"，教科书上标准的定义是这样说的。麦克亚当斯说，通过个人神话的展开，我们每个人"才能发现人生中什么是真理，什么是有意义的"。我们不是通过编造个人神话"发现"自我的，现在的我，是由自己"塑造"的。正如尼克·卡拉韦后来理解的，这就是詹姆斯·盖兹如何转变成"一个 17 岁男孩可能想到的那个杰·盖茨比的样子"。很显然，盖茨比就是盖兹的个人神话。最后，他毁掉了自己，塑造了这个人物的男人也是。他在《时尚先生》杂志出版了《崩溃》（*The Crack-Up*）一书，以第一人称叙述自己酗酒的过程、失败和自怜的经历。时年四十岁的菲茨杰拉德在书里写道："所以再也没有'我'——没有能构造自我尊重的基础。丧失自我很奇怪——就像一个被独自留在大屋里的小男孩，他知道他能做一切自己想要做的事，但发现自己其实什么也不想做——"

创作个人神话给了我们每个人开启神话般旅程的机会。既然我已经全然沉浸于此，我意识到我当初为什么离开费城，但我也不确定是什么，快乐？像约瑟夫·坎贝尔那样，带着强烈的使命感"去做必须做的事情，那样才能成为我自己"。毕竟这是神话学的第一功能——按坎贝尔说的，是为了激发"在这个宏大的神话诞生之前，一种感恩、笃定的敬畏"。

为了编织个人神话，我们尝试了那么多不同的自我。变形是一个写故事的好素材，一向如此。在《奥德赛》中人变成了猪；《化身博士》中杰基尔变成了海德博士；卡夫卡把一个普通推销员变成了大甲虫。主人公格里高尔对他当下的自我也有不好的解释：甚至算不上小甲虫，而是一只完全成熟的样本。在生物学上称为成虫，是昆虫成熟阶段。麦克亚当斯说，心理学家用成虫来描述自我的理想形象，一个迷你的我，它在人生故事的某个片段中扮演主要角色。这个角色在人类历程中时隐时现："我曾经是个涉世未深的男孩 / 女孩"，"我是集团总经理，正在实现美国梦"。或者更简单，"我是小丑"，"我是运动员"，"我是忠诚的朋友"。在同一时间拥有多个理想的自我形象并没什么问题，假如他们互不冲突的话，但我们并不总能顺利地成为"房间里最酷的家伙""绝望的傻瓜"。因为我尝试过，所以我知道。

你大概想问自己，目前的你是什么意象。眼下，我本人正在"和善的导师"和"暴躁的守财奴"之间徘徊。导师慷慨和善，而守财奴信奉托马斯·霍布斯的哲学，相信在人生中男男女女都在为自己拼搏。如果不是为了生存，那至少是为了在纽约或洛杉矶付得起房租。和善的导师这个形象，于我而言，似乎比暴躁的守财奴更有意义，但有时放弃一个多年来形影相随的意象也很难。

还有人对我们如何建构个人神话具有狂热的兴趣。无论消息闭塞还是灵通，从来不缺乏批评家或真诚或得意的唠叨，他们坚定地告诉你哪些才是有意义的个人神话，哪些不是。上小学时，当你刚开始编织个人神话，他们就开始在你身边唠叨。他们的期望无孔不入：做这，做那，然后以你为主角的故事才会有世俗眼中的社会价值。你的故事作者想要认真听取这些不请自来的建议，但有些建议却自相矛盾，想要记下来，你恐怕需要一个作家团的作者。

无论你是男孩还是女孩，社会对你们设定的期待都有所不同，在我和琳达的成长过程中尤其如此。琳达从来就不是个坏孩子，但却常常会遭到教会学校修女的责罚，虽然她们也希望琳达会十分向往修女的个人神话，从而有一天能加入她们。她们的策略算不上特别好。后来，她们把她变成一个温柔娴静、外表整洁、衣着得体的单身打字员。不要急，终有一天会在婚姻和孕育子女中实现有意义的人生。留下一点痕迹？这可不是她们众多期望中的一部分。对我来说完全相反。人们对我的期待："不要安定，你值得更好的生活。去上医学院！"直到最近我才明白，修女和我的父亲都以各自的方式在推销自己的"不朽的公式"，如人类学家厄内斯特·贝克所说。如果琳达循规蹈矩，她现在应该正支持和践行着这些修女的生存意义。如果我成为研究者或医生，我也会认可我父亲的毕生目标。这些修女和我父亲——我想象不出还有什么情况能将二者相提并论——是在向我们，也是通过我们传达一些他们自己的想法。这就是所谓"象征性的不朽"。

但无论对于他们还是我们，这都是不可能的。我们必须寻找我们自己的意义所在。琳达退出了教会（悄无声息地退出，并非那种针锋相对式的反叛），坚持进入世俗的、男女同校的大学，然后就到企业里工作，最后结婚生子。是的，但她始终没有踏出叛教的那一步。至于我，我还是分不清"金黄色葡萄球菌"和"表皮葡萄球菌"的区别，也永远不会像迈克尔·柯里昂那样，拥有《教父》时代。他藏身意大利的时候，请当地黑手党头目带话给唐·柯里昂说："告诉我父亲，我真心希望成为他的儿子。"

当进入青春期，我们就开始加快编织个人神话的速度了。神话中的人物榜样都被贴在卧室墙壁上。切·格瓦拉、法拉赫·福西特、托尼·罗莫、詹妮弗·洛佩兹（当然，不是贴在同一人的卧室里）。青少年时期的我们，开始寻求一些重大问题的答案：我信仰什么？我是谁？忽然间，你不再是天真的孩子，你的故事作者也不再只是在日间做些毫无压力的工作，他要为了这个奇怪的、忧郁的疯子加班，而这个疯子失控般地尝试着一个又一个自我。

最终，情节会趋于平静。到二十几或三十出头时，你的作者多多少少会找到她工作的轨道，你也在稳定的神秘潮流中稳定下来。尽管是完全个性化的个人神话——就像指纹一样，没有哪两个人的神话是相同的——你的神话很有可能也是几种经典剧种中的一类，"喜剧、爱情、悲剧和讽刺"，这些类型引自麦克亚当斯的书。前两者暗示你的个人神话总体是积极乐观的，比如琳达，她就是饱含浪漫的爱情神话，而我则介于在悲剧和讽刺之间。

把我们自己想象成个人神话，既有趣而又发人深省。我们如果依附于错误的神话身份会带来不幸的后果，能意识到这一点相当重要。以我个人为例，如果我没有拒绝我青少年时期的神话身份，我一生的故事就会变得完全不同，甚至不如原来的一半。事实上，可能会演变成一场极糟的灾难。

那个篇章大概是这样说的：在大二的期末，我对于未来毫无头绪，也没什么期待。这时我的邮箱里收到了一期《时尚先生》杂志。在编者留言那一页有一条公告，说该杂志正在举办一个比赛，获胜者可以得到一份相当诱人的工作，即在纽约当初级编辑。仅有两个条件：25岁以下；厚颜无耻地相信自己特别有"幽默感"。如果你脸皮够厚，就请你把这一期的指定栏目重写一遍。

我就坐下来想，嘿，我行啊。但我好几周都没去参赛，或者说我的个人神话与这项比赛毫不相干。我当下的个人神话身份——悲剧英雄或高贵的失败者，不确定具体是哪个——拒绝让命运冷不丁地给我一个礼物。我的神话身份十分确信，故事最后会以毫无意义的广告歌词结尾，我写不成伟大的美国小说，失败以后还会酗酒，并引发早期肝病。简言之，我的神话身份太过骄傲，太怕失败，因此不敢参加这项激烈的角逐。

然而又过了几周，我的人生为另一个可选的神话身份打开了窗户。它替高贵的失败者堵上了嘴，绑上了手脚。我参加了比赛，并最终赢得了这份工作。按坎贝尔所说的，这是一种冒险的使命感召、英雄旅程的开始，尽管我可能是在自我吹捧。

10　书籍与尘埃

　　有很多方法可以令我们在中年实现全新的个人神话。庆幸的是，在万怡酒店订一个会议室不是我唯一的选择。天气变冷，不适合在湖边冥想了，我就让我的作者戴上遮阳帽，我俩一起去大学图书馆。那里有占地 5.5 万平方米的古典文化产品，雅称为书。如果外出静修需要我们定义"有意义的人生"，如果附近没有修道院或印度教静修地，大学图书馆会给我们提供很多值得尝试的想法。是的，我可以在网上做很多工作，但正如乔治·R. R. 马丁在《冰与火之歌 2：列王的纷争》里所描写的图书馆一样，那种"书籍、尘埃与历史"的香味是无与伦比的。

　　但从哪儿开始呢？这座大楼里有上千万册图书，其中大部分都能为"人生的意义"提供一些"东西"以作参考。从哪里卷起袖子开始干呢，哲学书架？人类学？生物？物理？艺术？诗歌？历史？考古？心理学？护理？自虐狂般的我在哲学书堆旁边扎起大本营，坐在那有些起伏的台阶凳上，我的腰可能会受不了，我在那里搜寻猎物，然后带回我那 3.3 平方米的书房。

古希腊人花了很长时间来思考这个问题。他们有很多开阔的发展空间。为了寻求线索，人们试着登上月球、外星，解剖甲壳动物；同时他们也明白，要想最快找到生命意义的答案——也是最短的路线——必须按诸神所说的做。必须正确严格地献祭，这样，你就能轻松自在、身心自由。伊壁鸠鲁拒绝接受这一方案。相反，他认为人生的意义在于寻欢作乐，这让人感到很兴奋。不幸的是，似乎有些过头了。伊壁鸠鲁的意思并不是说，一边列出你理想中的足球花名册，一边狼吞虎咽布法罗烤鸡翅膀，就能找到人生的意义。快乐的源头应该是在美丽花园中温柔而愉悦地生活、教授、学习、辩论重要的命题。伊壁鸠鲁说，至于诸神的愤怒，没什么好担心的。诸神可没有统治全宇宙。原子结构可以解释万物：树、石头、动物。百合的香味取决于原子如何组合在一起，而原子决定了石头是光滑还是粗糙的。灵魂也是由原子构成的。我们死后，构成我们灵魂的原子就分散回到宇宙的原子库，在那里它们与其他原子重新组合，而这些其他原子可能组成过一匹马，或曾经决定了葡萄的味道。

至于亚里士多德，他不是从享乐的角度而是从幸福的角度来看待意义——尽管那也不是我们通常认为的"幸福"。亚里士多德说幸福源自得到智慧和知识。智慧和知识，比金钱、权力、名声或其他我们通常与幸福混淆的东西要重要得多。

很快，世界变得比那时复杂多了，这不是那些求知若渴、喜好寻欢作乐的希腊人能够想象到的。80 年前，威尔·杜兰特写了《哲学的故事》（*The Story of Philosophy*）一书，颇受好评。我在书堆里花了几个小时阅读这本书。几个世纪以来，西方哲学（和宗教）在科学发现面前迅速凋谢，这让杜兰特感到惋惜。望远镜能看到无数的星星；地质学证明了宇宙已有百亿年的历史，而非只有一两千年；生理学发现每个身体器官里都有"无尽的奥秘"；心理学能在每个梦境里洞悉深层的秘密；人类学、考古学和历史相关学科证明，我们对人类历史的理解几乎还只能称作略通皮毛。确实，宇宙由原子组成。在夸克、轻粒子和"上帝粒子"进入人们的视野前，原子一直都是人类所能想象到的最小单位。

杜兰特说："人类知识太伟大了，许多知识都是大脑所不能理解的。"

让古希腊人停留在他们优雅的花园里，我坐上起伏的台阶凳，在书堆里换了一个位置。我很好奇，想看看现代哲学家怎么看待人生的意义。他们不需要别人劝说人类知识有多么深奥伟大，在他们成长的时代里，有很多无与伦比的科学和技术成就。他们的一生都在避开那些"存在虚无"的空间。包括"陆地"空间，在这里，种族残杀、宗教极端主义、核威慑、冰川融化和无坚不摧的新病毒都会造成生存的不安；然后是存在真空的"宇宙"空间，在这里，所有证据都指向很久以前就发狂了的世界。W. B. 叶芝写道："事物分崩离析，中心无法掌控，纯粹的无政府主义在这个世界弥漫。"贝拉克·奥巴马（还没当上总统时）说过："事情的真相是……世界总是乱作一团……我们现在是因为社交媒体才注意到这一点的。"

你可能会想，现代哲学能帮我们找到避免存在虚无的方法，因此会吸引到那些最优秀、最聪明的人。再想一想，你手里掌握着自己的命运，在院系年终聚餐时，你敢不用附加说明、分句或条款，直接使用"意义"和"人生"这样的词吗？哲学家苏珊·伍尔夫在讲座中说，脸庞稚嫩的学生如果特别想知道人生意义，会使他自己变成全班笑话的对象。这个问题会惹怒今天的哲学家，因为他们无比热衷于驾驭模棱两可、隐晦不明的范畴，而"人生的意义是什么"这个问题已出现百年之久，可他们认为，这个问题简直莫名其妙。"当我们问某个单词的意义，我们想知道该单词代表什么，"伍尔夫解释说，"但生活不是语言的一部分……它如何指代某一事物，或针对谁而言，这都还不清楚。"

哲学家们不喜欢这个问题，也是因为唯一能想到的正确答案是——"上帝"。如果上帝存在，他们就会承认生活有一个公开直白的目的：如有所收获、繁殖等。但回答"上帝"，也不能让现代的哲学家开心。调查显示，他们中的 73% 为无神论者。所以，如果他们不在思虑人生的意义，如今这么多的哲学家整天都在思考些什么？克莱曼克编选了广为传颂的文集《人生的意义》(*The Meaning of Life*)，他表示，如果哲学家聚集起来开研讨会，他们上交的论文题目有"负面的存在""论参与""插入动词""元素""独立论和本体论"等。多数都是为了驾驭模棱两可、隐晦不明的领域。你有足够理由去猜想，柏拉图述说那不朽的"洞穴比喻"时莫非想到的也是这些：哲学家走出洞穴，去看看外面真实的世界，等他再回到洞穴，每个人仍然盯着墙上的影子，返回洞穴后的第一晚，他就会发表题为《存在是一种属性吗？》的演讲。

苏珊·伍尔夫和其他反对者提议，哲学家们别再吹毛求疵了，不如利用他们丰富的逻辑和智慧尝试思考一下人生的意义，凭他们的能力这不过是小事一桩。而我们其他人需要帮忙一起想，我们应该对我们的人生做些什么，尤其是人到中年的时候。爱因斯坦告诉我们，如果有人"认为他自己和同伴的生命毫无意义，那他不仅是不幸的，更不配活着"。伍尔夫说，哲学家们有个很好的研究切入点，就是先就"什么构成无意义的人生"达成一些共识。她主动开始了此项研究。很显然某些人生故事是毫无意义的：比如，我们可能命名为《一团糟！一个懒汉的非冒险经历》的人生故事。一个成天在家看《人民法院》重播的懒汉，关于他生活的慢节奏的长篇故事，少有或完全没有与社会的接触。伍尔夫说，这是"模糊被动"的人生故事。缺乏投入感对人的身体、大脑和精神而言都是毁灭性的。社交恐惧，无论是自己造成的还是被强加的，都被证明是极其耗费精力和体力的。

另一个无意义人生的例子，我特别想命名为《购物狂的忏悔》，但已被人捷足先登。因此，我们就称之为《废物！整天只为看起来怎么样或者价值多少而活，会浪费你大量的空间和时间》。这个获选主题似乎毫无意义。你为了赚钱而赚钱或为满足自我而狂欢，但这其实都是些身外之物。通过注释，伍尔夫引用了那个"养猪人的故事"：他买了更多的土地，种了更多的庄稼，养了更多的猪；进而购买了更多更多的土地，种了更多更多的庄稼，养了更多更多的猪。这是个很有趣的例子，但我觉得有些问题。表面上，该农民好像在循环往复地追逐利益，但某天早上在谷仓里，你发现他有五个孩子，大学费用的上涨速度比猪和土地的价格上涨快得多。作为一位尽职尽责的父亲，唯一的解决方案就是种更多的庄稼，去饲养更多的猪，而且利润一定要比大学费用涨得更快。

关于那些糟糕和无用之人到底缺少了什么，伍尔夫认为，他们在生活中都缺乏投入"积极"事件的主动性，也就是"积极的客观价值"。伍尔夫也明白，这种观点就像在光滑的斜坡上摇摇欲坠。有谁能够清晰地阐述"积极的客观价值"？几乎所有人都会认同很多符合要求的行为——无条件的爱，慷慨做慈善，做有意义的事。但还是存在大片的灰色地带。拍摄牧羊人和他们的羊结婚的纪录片，这对某些人可能很有意义。难道没有人类学家对这些牧羊人进行纵向的、人种志方面的研究吗？

伍尔夫确保我们能理解：一个"有意义"的人生，不总是令人称赞或符合伦理的。我想起爱德华·斯诺登，他的人生有意义吗？当然，很多人会支持说有。由于斯诺登的关系，我们至今仍在为政府的过度干涉和人们的隐私权进行国家层面的争论。直接后果是，我们推翻了思虑不周全的法律。尽管对于副总统迪克·切尼而言，斯诺登背叛了他的祖国，并将美国人民置于危险之中，但这也使得斯诺登的人生因背叛而变得更有意义。

伍尔夫提醒我们，"有意义的人生"不一定是幸福快乐的人生。在这时候，柴可夫斯基会成为我们讨论的关键对象。这位作曲家有过一段不明智的婚姻，几周后他就跳入了寒冷刺骨的莫斯科河，希望借此染上肺炎，从而有机会逃离这段悲惨的婚姻。

最后，"有意义的人生"不一定是出名的。我们都知道，但伍尔夫一再重申。你不一定必须成为居里夫人或奥斯卡·辛德勒甚至本尼迪克特·康伯巴奇这样的人，才能过上有意义的人生。尽管有时看起来吃力不讨好，但以正确的方式将孩子抚养成人，就是一项具有深刻、积极、客观价值的大工程。

我和我的故事作者认为，伍尔夫至少进行了尝试，这本身就值得赞赏。她愿意对这些野草挥起镰刀，为大学生在新生见面会上提供了可以回味咀嚼的概念：有意义的人生能满足个人愿望，使你连接到自身以外的事情，并带来一些有积极客观价值的东西。

这就是了吗？这就是人生的意义了吗？

我曾尝试过，确实试着去认可这一定义。它的理论基础不错，写在纸上也很好看。但人生可不仅仅是纸上谈兵。我们生活在自己的故事里，故事必须朝着令人满意的方向发展。一个由朱利安·巴恩斯所虚构的中年小说人物，对"增加"和"加强"进行了区分：当我们的故事随着时间推移，直到且只有将个人欲望与高于自身的事物相连，并带来正面价值，我们才能感受到意义的升华。否则就会像彼此孤立的一两个章节，而不是你所期待的无限延伸的完整故事。

11　谁需要幸福？

　　外出静修在理论上的好处之一，也是我最不愿提及的，是你可以将墙上的巨大书页撕下、卷起来，箍上橡皮筋，日后再回过头看看这些绝妙的想法。我们总是说以后我们会再看，但事实上我们从来不去费这个功夫。静修回来，我们有太多没有回复的邮件要处理。但是如果我们回头看这些在精神休假时写下的书页，铺陈在我采访的人面前，他们有可能会接受其中三条建议。每一条都能言之有理地解释我们究竟为什么会开始存在。

　　让我们从"繁衍后代"开始，这是琳达的第一选择。当然，这是我们存在的理由：让人类繁衍下去。孕育和／或抚养小孩需要全方位的投入，会带来很多喜悦，也确实会实现地球上的人口更替。是的，这可能让人头疼，但我们还是不要过分纠结所谓的家长悖论——家长管教得越严厉，子女的压力和罪行的发生概率越高。我们也不要过分纠结那些特殊的孩子，把他们带到世上也许对他们来说不是什么好事。我可不仅是在谈论我们那些不幸的身体遗传缺陷。一个孩子是否友善、自信、可靠以及具有其他基本素质，对于形成牢固的社会关系和爱情关系至关重要，而这些关系是一个有意义的人生的核心，这些特质也是由基因决定的。面对吧，我们中的有些人生来注定是冷漠、直接和内向的。我们把不讨人喜欢的特征遗传给后代，是在诅咒他们有漫长而寂寞的夜晚，最终叠加成人生故事里漫长而寂寞的篇章？

当我请那些二十多岁的未婚女性设想自己未来的五到十年，她们无一例外把孩子看成人生意义的中心，而男人却不把孩子看得那么重要。对"千禧一代"[1]的全国性调查证明了这一点。当被问及成功的婚姻和成为好父母是否是人生中最有意义的事情之一时，女人回答"是"的比例比男人高出 10% ~ 20%，但孩子自有他们的成长规律。那怎么办呢？那些中年父母说他们正争先恐后地寻找一种其他的投资。那些不想或者不能生育的父母又怎么办呢？有些人的身体或者性情就是不适合要孩子。如果繁衍后代就是我们人生的意义，那根据定义，那些没有孩子的人生就一定是毫无意义的吗？梅根·道姆曾编辑过一本书，关于人们——好吧，不是人们，是作家——决定不要孩子的原因。她说那些选择放弃生育的人"也没怎么承受精神创伤……事实上，我们中很多人花费了大量精力去丰富别人家孩子的人生，反过来也等于丰富了我们自己的人生"。这本书的作者之一、小说家杰夫·代尔公开表达

---

1 千禧一代（Millennials，也称作 Generation Y），美国人通常所说的 1980 年以后出生，在 2000 年左右达到合法饮酒年龄的青年一代。他们差不多与电脑同时诞生，在互联网的陪伴下长大。

了他的震惊："我在公园里看到父母们面带微笑，牵着他们可爱的孩子蹒跚学步，我的反应好像是看到了一对手牵手散步的同性恋：我这违反天性的念头是哪儿来的？"

根据我的访谈，其他关于意义的强烈建议还有"善良"和"幸福"。在这么多关键词中，善良——对别人的——远远算不上最受欢迎的答案。我会问："你希望人们怎样记住你？"

"充满爱心、有同情心、体贴，同时又保持着好奇、求知的心态。希望能携手消除那些把人们边缘化的愚昧无知。"

"只要记得我曾经努力改善周围人的生活即可。"

"重要的是，我是好人，也是合格的母亲，我年轻的时候从未意识到做母亲是我生活中如此重要的一部分，它后来却变成了我一辈子的事业。"

"我是一个信仰坚定的人，但仍然试着敞开心胸，努力完成所有那些让人疲劳而困难的对话。"

一个中年的受访者压根儿不在意这个问题，他说："我怎么被人记住，这并不重要。"至于"善良"，他说，"我不愿意为别人而活。只要做的事情有正当理由就好。"

时不时地，有人会抓耳挠腮，思考几分钟，却想不出一个观点，这时我会提醒他一下，问他关于"善良"的看法。哦，是的，当然，善良绝对重要，他会这样作答。但我能看出来他没有几分真心。善良——还有什么新鲜的？他们认为善良即无能，就像意大利古谚语所说的"老好人，好得一无是处"？ 我甚至还请某位最以自我为中心、最愤世嫉俗的千禧一代为了他自己勉为其难地读一下乔治·桑德斯在雪城大学最经典的就职演说（2013）。桑德斯回忆说，他人生中最遗憾的就是在他七年级的时候，没有对学校里一个害羞的小个子女孩更友好一些。她戴蓝色猫眼眼镜，还有嘴里总是含着一缕头发。桑德斯坦白，他一直无法忘怀，当她被戏弄或忽视的时候，她看起来是多么孤独——"目光低垂，有点难过，好像刚刚被警告过她的微不足道，她正竭尽全力想让自己消失"。然后有一天，她搬走了。42年之后——它变成了中年时的一记耳光——桑德斯始终无法释怀自己的不善。

"善良"作为美好人生故事的常见主题，存在一个问题：你要么不够善良，要么根本就不善良。你的作者没办法简单地大笔一挥，把你封为"圣母特蕾莎"。我当然不是，虽然我不认为自己是个不善良的人，但我的很多善行都是偶然发生的。我不能邀功，更不用谈由此而建立一种指导性的哲学。

很多年前，在从纽约飞往洛杉矶的航班上，我确实给人提了一个改变人生的建议，而且是正面的建议。我一直对这件善事全然无知，直到几年前收到一封邮件。写信的是叫作瓦莱丽的女士，对此人我完全没有印象。她回忆道，那时波音747上还有二楼钢琴吧（就在那会儿吧），"我还是美国航空公司的乘务员，怀着难以遏制的写作欲望，我们碰到过好几次。我的小说已经写了六章，你告诉我，如果想要一个客观诚实的评价，可以把我的第一章发给您看看。"她后来确实发了。我也信守承诺，给出了客观而残酷的评论。瓦莱丽写道，我的评价足够让她放弃写作好多年了。"倒不是因为你让我气馁了，而是你让我意识到作为一个作家，在完成如此艰巨的任务之前，还有很多需要学习磨炼的。正如你说的，真是野心勃勃——一个女人以第一人称视角写男同性恋！哈！不是吧！"

我想说我那时十分清楚自己在说什么，但绝不是出于善意，而是一种卑劣的行为。我那时想的是，又一个自欺欺人的家伙在异想天开，还是省省吧，让世界清静些。然后这却意外地变成善举。那之后的 15 年里，瓦莱丽都在"学习写作和养家"，她在邮件中说道。现在，她住在北加州的镇上，曾给报纸写过专栏，现在正在写小说，应该（也希望）不是从男同性恋的第一人称视角去写的吧。在邮件即将结束时她写道："我在这个神奇的加州小镇过得很好，总的来说很轻松、很得心应手，陌生人听到我的名字都知道我。就在上周，还有人问我说，'你是作家？'实现梦想的感觉太美妙了。我遇见您的时候才 27 岁（我儿子现在也是 27 岁），我年轻时的目标已经达成了。说这么多，就是要让您知道，您的话让我的生活变得如此不同——一种积极、正面的改变。您让我明白，如果我非要写作，必须要先学习如何写得更好，并且坚持不懈，直至目标达成。说真的，我知道如果没有写作，我不可能过上这么充实的人生。感谢您对我说过的话（也不知那封信放在哪儿了）……也感谢您在 1980 年抽空读我的小说。"

事实上，读到这里的时候，我眼眶有些湿润。奈德和凯瑟琳那时正好在镇上，我就给他们看了瓦莱丽的邮件，在我的职业生涯中，我从未感到过如此自豪。

很显然，这种事也仅此一次，不可能再发生了。有些人做善事，将自身的安危置于巨大的风险中——比如收留犹太人躲避纳粹的迫害——按他们说的，这根本不算是选择，事情本该如此。这类人在做出特别无私的行为之前，不会去分析成本和收益。"我没做什么不寻常的事，换成任何人都会这样做的。"他们说。那些在战争中特别无私的人，在战前、战后也是一样。高度利他主义深入他们的骨髓。

就像其他访谈中提到的关于生存理由的关键词，"善良"有其固有的操作上和哲学上的缺陷。如果你活着是为了善待别人，最不愿意伤害别人的感情，那么"善良"可能会让你搞砸一切。亚里士多德说，"完美的人"相信"善行是优越感的标记，而接受就代表低人一等"。此外，如果你活着的唯一理由就是做善事，你付出了无限真心，假如被拒绝，那你的人生岂不是没有奔头儿了。所有一元化的生存理由都有这个问题。寻找和坚持人生的意义，就跟制订稳健的理财计划没什么两样——要么使其丰富、多样化，要么就自己承担后果。

"幸福"是另一个在谈话中被提及的生存理由，它需要人们慎重思考，但也不是那么简单。就像《不朽的自我》封面上的那个婴儿，有一天也许会在万恶的抉择里挣扎：我是要一个幸福快乐的，还是有意义的人生？也许你已经在挣扎了。若你不是你高中同学里最酷、最受欢迎的小孩，你很可能也会挣扎。想想那些夜晚，你独自坐在卧室，读着《一个人的和平》(*A Separate Peace*)，你问自己，如果有选择，你愿意用智慧和潜能换取好看的外貌和服饰，还有上层人士那空虚而快乐的生活吗？必须有所取舍？你不能深刻自省、感受日常简单的快乐吗？某种程度上而言，你当然可以。追求幸福和意义是相辅相成的。心理学家罗伊·鲍迈斯特长期研究幸福和意义的区别，在做了大量研究后他发现幸福和意义有重合的地方。当然，两者也有区别。

例如，自己觉得人生很幸福的人，确实都很幸福，因为他们的物质欲望和需求得到了满足。物质让他们幸福：大而舒适的房子、美好的假期、情绪低落时的一件新外套。对于他们而言，金钱可以让他们买到眼前的幸福。然而，那些认为自己的人生有意义的人，知道金钱既买不来快乐，也不能换来其他的意义。（没有或只有一点必要的经济实力，就很难有幸福和意义，这会影响人们的幸福感，削弱人们对意义的感受，虽然对前者的作用更大。）鲍迈斯特说，矛盾的是，人们对意义的感受通常和焦虑联系在一起。这就解释了，为什么当你独自坐在卧室读《一个人的和平》，在忧郁的同时还有些骄傲。相信生活艰辛，这本身就和充实的感觉成正比，很有可能是因为逆境和痛苦需要有意义的反馈。鲍迈斯特提醒我们，我们接受困难的挑战越多，我们就越有可能以失望告终。这不会让我们更开心，但却会让我们明白自己至少为有价值的事情奋斗过。

至于哪种人生更好，幸福的，还是有意义的，上层人士的生活方式还是我们的，关于这个问题，争论的火药味十足。对抗的双方是所谓的积极心理学家和存在主义心理学家。积极心理学家说幸福是重点。"不，意义才是重点。"存在主义心理学家反驳道。呃，积极心理学家答道："找到人生的意义，不过是获得幸福的一个重要因素，这样的因素还有很多，比如积极的情绪体验（温暖、舒适和愉悦），参加有趣的活动，和他人保持牢固的关系，以及个人成就。"

存在主义心理学家在维克多·弗兰克的理论指导之下，又会怎么反驳这一点呢？他们说："这不对，意义是幸福的源泉。"（哈佛大学格兰特研究的主任说，幸福是马车，爱是提供动力的马匹。这我也同意。）据存在主义心理学家所说，幸福会降临在以下几种人身上：愿意接受新体验的人，富有创造力和建设性的人。没有意义就没有幸福。如果你认为你的人生没有意义，你将会感到不满、无所事事、焦虑、无助和沮丧，你将会感到无聊至极。

这两派人都希望我们找到最佳的答案，这让他们势同水火，你来我往。一些来自交战前线的报道被发表在学术期刊上，有篇文章表明积极心理学家认为存在主义心理学家悲观、自恋，对负面、悲剧的事情喋喋不休，过度关注死亡和走向死亡的话题。反过来，存在主义心理学家认为，积极心理学家是生活在梦幻乐园的盲目乐观者。他们无视道德困境带来的罪恶和社会不公正的影响，让生活听起来太过简单。当他们的基本原则被放大成心理自助书籍，看起来太过简单了，简单得让人怀疑（《真实的幸福：用新积极心理学实现你的潜力，获得长久的满足感》）。

而我的故事作者理论有个优点，无论是和积极心理学还是存在主义心理学，都能和平共处、发挥作用。脑海中故事作者的任务是写一部实现主人公目标的人生故事，但事实上不可能达成要求，因此，重要的是，故事对于你自己而言有价值就好。所以也许归根结底，是你的常驻作者最擅长哪一类故事。我的作者碰巧对卡夫卡、罗斯和埃德加·爱伦·坡的作品很感兴趣，类似存在主义心理学的东西。而你的作者可能偏爱"人人至上"型的故事——我想我能行，我想我能行！——奥普拉读书会里研究和推荐的那种。从本质上来讲，没有哪种故事一定优于另一种。

一天晚上，琳达的某个朋友一反常态，开始反过来拷问我。她问我在做这个项目的过程中有没有学到什么，有没有什么改变？哦，问得好！我当时想。片刻之后，我告诉她，和其他人一样，以前我总是说，最希望我的孩子们开心，当然也要健康。现在我就不确定了。然后我看了看四周，发现房里其他人都在看我。不，我说，我极力想要恢复镇定，当然我还是希望我的孩子们健健康康，但我不再说希望他们快乐。接着又投来不少惊讶的目光。好吧，我当然希望他们快乐，但不是那种浅层次的快乐。因为如果他们只是表层上的开心，那总有一天会发生什么让他们不快乐的事情。正如维克多·弗兰克所说的，在我们的文化里，不幸福是不正确也是不正常的，这就意味着，我的孩子即使有足够的理由不幸福，他们也会担心自己是不是有问题。他们就会活得更不开心，因为每个人都想知道他们为什么这么可怜，这让他们的不开心成指数放大……你们懂我在说什么吗？

似乎没人懂我的意思。我说道，听我说，不能随便对孩子许错愿。

12 詹姆斯·迪恩的故事

当人生结局依稀可见，我们也最终到达了"肘关节"的末端。经历过漫长而曲折的中年时期，很自然地会扪心自问：我们是否走对了方向？人生故事是否处在正轨上？有增益也有加强吗？

当库尔特·冯内古特在教硕士生创作型写作时，用粉笔和黑板解释如何在简单的图表上绘制故事脉络。他相信每个故事都可以这样画图，无论是希腊神话，还是《复仇者联盟2：奥创纪元》。他的这个理念可以追溯到他攻读人类学硕士的时期。冯内古特说，那时，他提出的一个硕士论文选题很快被否决了，"因为这个话题很简单，看起来也不严肃"。

冯内古特站在黑板前，画了两条轴线，把横轴标注为"开始—结尾"，代表故事情节；把纵轴标注为"好—坏"，代表故事主人公经历的运气好坏程度，好运气指财富和健康等，坏运气指贫穷和疾病等。然后他挑选了一个故事——他偏爱的《灰姑娘》——并画出了女主人公随着时间的推移经历的命运起伏。图表呈现了仙女教母降临后让她盛装出席舞会，灰姑娘的命运如何变得越来越好。当她在舞会上回头，与王子共舞，然后是其他类似的事情，图表上的曲线不断上升。然后，当钟敲响了12下，冯内古特的图表戏剧性地显示灰姑娘的好运突然降到了冰点，其剧烈程度不亚于股市动荡。然后他又画了一条直线，用他的话说，代表着灰姑娘要"消停"一会儿。但最后，王子敲开了灰姑娘的门，当然，这一天总会到来，鞋子刚刚合脚，于是代表灰姑娘的好运气的那条线又急剧上升，并最终破表。

颇有些怨念地承认，我也在开发一种将故事图表化的原始方法。事实上，我还以为自己开了先河。但我不考虑现有的故事，我的方法是考虑如何将我们自己的人生故事图表化。研究了几个星期后，我已经打算将它命名为"意表"（意，代表意义），但这时，我发现别人在我之前就想到了，不仅仅是冯内古特。我发现哲学家罗伯特·诺齐克在他30年前的论文里就已经提出了类似的想法："想象一下，把一个人生命中的所有快乐图表化；纵轴代表快乐的量，横轴代表时间。"我的想法也差不多，Y轴标注"意义"，X轴标注"时间"。

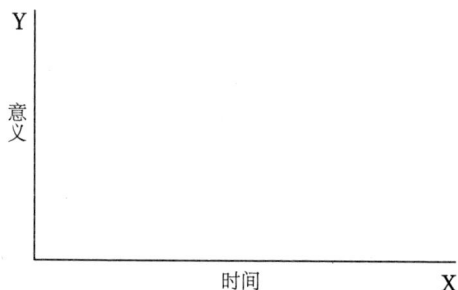

为了测试我的想法，我开始在上面画点，这些点代表着我过去各种各样满意的回忆，这些记忆呈现在图表上以后，简直就是《不朽的自我：生命与时代》的图表版本。我粗略地标注了小学的那几年，这段期间只有几个有意义的点；然后是高中时期一些开心的事，我又增加了一堆小点；接着是上大学，点变得热烈而有分量（大学时有很多从未有过的满足，主要和校园剧团有关）。在那以后，是我刚到《时尚先生》杂志那几年，有很多满意的事情，那是个令人目眩神迷的阶段；然后是三十多岁时经历的一些大大小小的人际关系，事业上的成功和失望；接着是和琳达的婚姻、孩子们的出世，一路走到现在。最后，图就变成了这样：

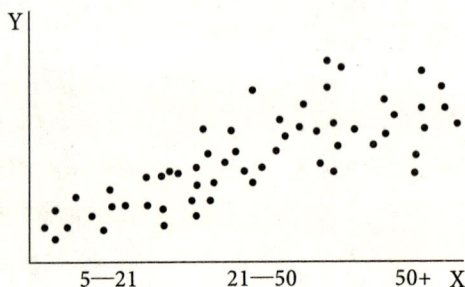

很漂亮，对吧？我不是第一个想出这个图表法的人，我遗憾吗？并没有很遗憾。是谁创造的这不重要，重要的是得出的结论。在我们的人生图表上，重要的不是代表意义或幸福的点的数量，或者这些点在纵轴上有多高。意义就在于，随着我们的人生故事由开始到中间，最后到达结尾，我们的点是否在朝正确的方向分布。诺齐克观察到，我们中的大部分人，愿意牺牲一些快乐来换取正向发展的故事。一个有意义的人生故事，是向前和向上发展的。横轴和纵轴同时增加和加强。

芬兰哲学家安蒂·考皮宁继续研究了很多罗伯特·诺齐克论文中的主题，引用了很多人的话语，他们认为虽然走下坡路的人生有更多的绝对意义或快乐，但还是蒸蒸日上的人生要更好些。人生的"形态"很重要。如果我们满意的人生阶段，从"好"变成了"不那么好"，比从"不那么好"变成"好"，在我们心里要稍逊一筹——即使可能前一种情况下令人满意的事件更多。学者把这种现象称为"正向发展"——组成部分的发展状况，比数量更重要。

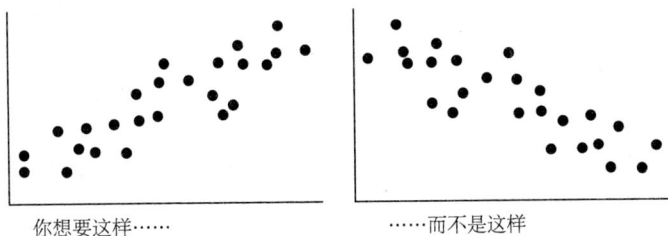

你想要这样……　　　　　　　　　　……而不是这样

一条上升的轨迹，通常不是依靠单一稳定的满意感来源，比如工作。一些人能长时间地投入到一个项目中，而大多数人不停地从一件事跳到另一件事。我的老朋友泰勒·布兰奇就属于前者。他花了24年报道和记录马丁·路德·金时代的历史，总共写了三卷书。在这过程中，他全力以赴、坚持不懈。泰勒尽可能地延续他的作品，在项目早期，他还要靠做兼职来养家。接下来的每一年，他都要研究十几次金在演讲中留下的精神遗产，比方说"种族问题是一种民主实验的晴雨表，好坏参半"这种。泰勒说："所以我是个五音不全的人，尽管对于我自己来说，这些都是动人的音符。"

从个人经验来讲，我们中的大部分人会多次更换工作或转换事业，如果要让人生保持上升趋势，就要建立新的一系列目标。无论男人、女人，无论是为了照顾孩子还是追求个人兴趣而放弃事业，他们的任务都是在之后的人生篇章中找到满足感。当然，退休也会带来特殊的挑战——换挡减速是一回事，完全不工作又是另一回事了。

当结局慢慢来临，你 X 轴上的日子变得稀少而珍贵，那么点组成的轨迹就已经说明了一切。很多年前就有一项研究很好地证明了这一点。这项研究是设计用来判断那种人生我们认为更好却突然结束的人生，还是拖沓但不尽如人意的人生。活得好是否比活得长更合我们的心意？研究人员向样本人群讲述了一个虚构的故事，关于一个未婚女性在车祸中突然去世的故事，过程中没有痛苦。在这场悲剧发生前，她有很多个版本的人生。有特别快乐的，她有很棒的工作，享受激动人心的假期，还拥有广泛的交际圈。另一个版本中，她同样很快乐，生活相当惬意。当然还有不快乐的版本，她在成长过程中压抑、愤怒，工作很糟糕，没有亲密的朋友，整天就是看电视（那会儿可不是现在的"黄金时代"，没什么值得看的）。每个参与调研的人被告知的车祸发生时间不同，有些 25 岁，有些 60 岁，还有几个是这中间的年龄。然后，他们要对她人生的"可取程度"进行评分。在研究中，无论是年老还是年轻的参与者，都认为故事最后的结局十分关键。同样是极其快乐的人生，在接近巅峰时结束，要比碌碌无为、苟延残喘要好得多。

但就算是悲惨的人生，最后还能多过几年不那么糟的岁月，这倒是更加理想。

再次强调，故事最后如何发展很重要——至少在理论上是这样。在原本就极其快乐的人生上增添还算不错的几年，并不会让人生更出彩：作者称之为"詹姆斯·迪恩效应"。24 岁时，迪恩开着一辆崭新的保时捷 550 Spyder 在加州的高速公路上出了车祸，因此而丧命，那时他已经是炙手可热的明星。这些研究受访者认为，与其拍很多不温不火的电影，再活几年后去世，还不如像迪恩这样。

但这只是在理论上。如果有选择的话，我们中的大部分人还是会选择多活几年，即使是要把保时捷降级换成福特嘉年华。我们当然会这样做，为什么？因为你不知道事情会不会有转机，我们的人生没准会变好。尽管时过境迁之后再回头看，可能会觉得我们的生命如果早点结束也许会更好。关于书和电影，我也总是这样说——如果太过超前，就该及时刹车。而说到人生，只有一种提前测试的好方法：找一个类似古老的乡村墓地这样的地方做调查。"如果知道事情的结局，我亲爱的先生 / 女士，你愿意选择更短暂的人生吗？在事情还如人意的时候提前谢幕？还是多活几年，忍受那些痛苦和麻烦？"看来，只有死者的答案才能完全令人信服。

13　我们如何能在世上永存？

　　我们都读到过类似的故事——还有很多页没读完，但故事情节已经"散架"了。作为读者，我们也很为难，只有两条路可走：迎难而上，但又会不断停下来思考，剩下的那些页数是否值得花费时间和精力；要不就是直接跳到最后一页看结局，让自己和这本书都少受点儿苦，这同样适用于人生故事。但注意不要在最后三分之一的时候，让这本《不朽的自我：生命与时代》演变成艰难的下坡路。罗伯特·诺齐克想出了一种将快乐图表化的简便方法，一种让人生永远生机勃勃的途径。

　　这办法出人意料地简单。你得训练自己的观念，永远不要认为自己已经人生过半。例如，诺奇克就会告诉自己，我的人生还没到一半呢，这样，他开开心心地就到了40岁，"肘关节"之年，还有大把时间去做美好的事情。五年之后，他告诉自己，毕业后的职业生涯才过去一半，还是有充足的时间去做些有意义的事。

50岁是他毕业典礼到人生结尾之间的中点。到60岁的时候，他说，他已经想出来这个岁数是什么的一半了。明白了吗？哲学家的锦囊妙计不是为了让人生故事多几页纸，也不是多活几年，而是让你对自己剩余的时间觉得更加可控。在这段时间里，你可以做想做的事，这会帮你建立合理的目标，并在接下来有限的时间里顺利达成。

现在，我的书也快写到"肘关节"部分了，我就开始思考眼下该做什么。也许是在接下来的两三年里再写一本书。之后，我想和琳达一起去旅行。用诺奇克的话说，我在告诉自己，从写这本书，到完成两本书以及开始一些有趣的旅行之间，我大约已经完成一半了。注意，我没有提醒自己在整个故事中还有多少页未完成。

诺齐克说，他一直在这事或那事的进程中间，一直以来莫不如此。他在发表这个转移门柱的方法13年后罹患癌症去世了。而他这么多的"半生"已经被修剪成不可分割的细条了。那时他63岁。

63岁到大部分人的平均寿命（目前将近80岁），这段期间需要重大调整。一方面，看电影、坐公交、乘地铁，你都能享受折扣，美国政府还会支付你的医药费。另一方面，你不是这儿就是那儿的关节痛。新英格兰爱国者队的汤姆·布拉迪在36岁时说，"等你年纪大一点儿，就不会受苦了。"好吧，等你变老，你还真不得不受点儿苦。很多年前，我们在《时尚先生》策划过一个热议的封面故事"人们如何老去"，做了详细的专题，以十年为单位记录可能会出现的衰老现象，我之前在哈佛大学格兰特研究的相关材料中听到过的——从头到脚的退化。从60岁开始，我们都十分清楚自己身体正在发生的变化，这不需要通过杂志就能了解。然而大部分60岁的人，会很无辜而真诚地说："但我没感觉我老啊！我肯定还没有老人味儿。"（据记载，确实有这样的味道。2012年，莫奈尔化学感官中心进行了调查研究，其中41个嗅探器都证实能辨认出和年龄相关的味道。）"老人腋下都有一种可辨识的味道。"感觉神经学家约翰·兰德斯特伦说。幸好它不是被定义为特别难闻或特别浓烈，"然而，"兰德斯特伦无厘头地补充道，"也有可能是产生体味的来源，例如皮肤或者呼吸，它们有着本质的不同。"

我们中有些人会竭尽所能去说服自己，虽然我们逐渐靠近X轴的末端，但所幸没有失去任何东西。直到最近，我来到新公司工作，公司为副总裁及以上职位提供不同寻常的额外福利：每年在美国梅奥诊所体检。在这一天里，你要进行抽血化验和尿检，胸部X光透视，评估肺功能，测验骨密度，测试心脏压力，检查皮肤的癌细胞生长，测视力；如果到了一定岁数，还要做结肠镜检查。

说实话，我很期待去梅奥诊所，因为到时候我可以沾沾自喜，和同龄人相比，我还没有那么糟。（不，这不是什么比赛，但你又情不自禁想要比较。）在梅奥诊所，轮到你进去做心电图或者胸部X光透视时，通常是和其他8个男的一起，强行军似的，大家都是生育高峰的一代，并且"身经百战"。所有人列队进入更衣室，报上序号，也就是出生日期。我总是要比同屋的其他人大5岁，有时大10岁——相对而言，我看起来状态相当不错。单这一点，就让我每次在梅奥诊所都很欢乐，所以我开始藐视规定。在抽血化验的前一晚，我还会点一两杯马汀尼酒，虽然指示单上已经用斜体标注"禁止"饮食，空腹晨检。然而我还是会吃一根香蕉，并狂妄地相信，即使是最精密、高级的医学设备，也丝毫检验不出一根香蕉的痕迹——而且我身体也不至于糟糕到——至少是目前——要用这种设备。我在梅奥诊所怡然自得，迈着轻快的脚步，一个接一个设备地检查。在这里，我一反常态地温和友善，与化验员和服务员攀谈。我感觉自己又变成了孩子，虽然我清楚地知道，自己确实也有点"老人味儿"了。

当你到我这个年龄，从儿女出生时算起，或者说在从拿到第一张假阳性的乳房 X 光照片或前列腺特异抗原化验单时算起，人生的路也走了一半了，这时，你很有可能会猜想以后的人生会怎么样。延续你的人生故事的重大意义，艾莎道拉·邓肯认为这有不可比拟的重要性。这位舞者说她希望能成为人们记忆中的传奇。但和我交谈过的很多人可不是这样。"靠什么活着？"他们耸耸肩，无奈地问道。他们早已下好定论：人生故事并没什么用。

还有人说，这个问题太愚蠢了，他们也毫不在意人生故事是否能延续——死了就死了。他们不经意间引用了弗兰兹·卡夫卡的观点。为什么是卡夫卡？菲利普·罗斯说他的文学偶像卡夫卡曾谈道："人生的意义就在于它是有限的。"在封笔后不久，菲利普·罗斯就接受了采访，他谈到他笔下的某个角色是如何在人生中践行卡夫卡的观点的。

我希望采访记者会紧接着问罗斯，他个人是否赞同这句话。

如果他同意"人生的意义就在于它是有限的",但他去世这么久了,敬仰他的粉丝还是源源不断,想想还不心满意足吗?是否有个不变的宇宙准则在起着作用?如果我是记者,我肯定会问。但这位记者没有,他们接着谈了些别的事,比如罗斯最近又如何重读了他每一部作品的每一个字,50年里他总共写了有30部。"我想看看我的写作生涯是否在浪费时间。"罗斯解释道。这次,记者倒是追问了他如此判定的结果。罗斯引用了他的另一位偶像——拳击手乔·路易斯的话作为回答:"我已经倾我所有,尽我所能了。"

答对了!我心想。"倾我所有,尽我所能"[1]正中结局,但又不露声色。跟其他想要总结人生目标的做法不一样,"倾我所有,尽我所能"简洁得让人耳目一新,短短两个词、九个字(算上标点)。因此,刻在墓碑上也十分合适,作为日常推特也完全符合要求。确实,"倾我所有,尽我所能"算得上一条华丽的临终推文了。

至于"人生的意义在于它是有限的"这句话,我在脑海中也不断盘算着各种可能性。它也值得发一条推文或刻在墓碑上,但我也不知道它为何令我烦躁不安。然后,就在我读到罗斯的采访后不久,又听新闻说埃默里大学找到了弗兰纳里·奥康纳的三大箱信件,并引起了各种影响。奥康纳写过一系列小说,包括《好人难寻》和《上升的一切必将汇合》,在文学史上留下了不可磨灭的痕迹。她50年前就去世了,年仅39岁,正值中年,比卡夫卡去世时还小两岁。她终生未嫁,最后的13年是与母亲在佐治亚州的

1　原文为:"I did the best I could with what I had."总共10个单词,39个字节(计空格)。

米利奇维尔度过的。

在埃默里大学发现的箱子里还有一些奥康纳的旧物，来自她短暂而传奇的一生。一本关于鹅的童书绘本、一些旧玩具、未发表的日记、照镜子画的自画像，600多封写给她母亲的信。如果奥康纳知道她的这些信件和小玩意儿今天被如此珍视，会不会感到惊奇？很有可能。虽然她一生都不相信有人会对她的人生感兴趣。她曾经写道："我的生活两点一线，家里和养鸡场，重复这种生活一点儿也不令人兴奋。"

我们中很多人会这么说：不是吗？我们的人生平淡乏味，还继续活着干吗？我们真是这样想的吗？当奥康纳排除别人对她两点一线的生活感兴趣的可能性，她真是这样想的吗？我们有理由认为，她心口不一。她在20岁时写过一篇日志，谈道："真遗憾，我不能收到自己的信。收信人要和我一样能全心全意认可这些信件，他们应该可以将我的记忆鲜活而健康地保存下来。"

这话给我的启示是，她其实十分在意她的人生故事是否能流传，是否值得流传；即使生命会结束，但人生故事并未终止。有人想争辩吗？库尔特·冯内古特曾争辩过，他在《神枪手迪克》（*Deadeye Dick*）中写道："如果一个人平淡无奇地活到60岁或更长，那他或她的人生极有可能就如井井有条的故事一般结束了，剩下要经历的就只有后记了。生命结束了，但故事还未完。"

在我看来，冯内古特完全搞反了。他这样的观点有些调皮而暴躁，可能那会儿他自己心里也是七上八下吧，正如我们所知，他在"肘关节"之年同样漂浮不定。

思考了这么多，我现在确信"倾我所有，尽我所能"，比"人生的意义在于它是有限的"更能指引我们走向美好的人生。如果每个人真的相信人生的意义在于它是有限的，我们还会对彼此友善吗？我们还会费心去试图拯救鲸鱼、回收瓶瓶罐罐吗？我们还会在本地选举中投票？还会重新评估自己做过的决定吗？更别说去为做过的事情亡羊补牢了。我们还会费力开公司吗？我们难道不会因工作错过孩子的足球比赛而遗憾吗？我们还会愿意抚养孩子吗？甚至，还会费劲去生孩子吗？

前面这些问题的狂轰滥炸是有理由的。当我们关心地球的未来、参与社区活动、为孩子抽出时间时，我们做这些，不仅仅是为了做好事，获得社会的褒奖，还因为以上所有活动都会在我们死后惠及他人。

想想看：如果你让你自己或别人的孩子带着正确的价值观走上了正道；如果你能筹集资金让当地图书馆继续运行；如果你在自己镇上开设一家儿童剧院；如果你创立的公司带来了不错的长期工作机会；如果你把家里的燃油炉子换成了太阳能板；如果你是童子军小队长，或"大哥哥大姐姐组织"[1]成员；如果你资助了印尼儿童；如果你教会了孩子钓鱼，并总是将鱼放生；如果你以未来之名做了超多事情中的一件，那你的某些故事就会流传下去。

这就是所谓的"繁衍"，虽然相关描述五花八门，例如欲望、

---

1 Big Brothers/ Big Sisters of America，美国非营利性全国服务组织。1977 年成立于堪萨斯州，由成立于 1946 年的美国大哥哥组织（Big Brothers of America）和成立于 1970 年的国际大姐姐组织（Big Sisters International, Inc）合并而成。该组织希望能有成年人义务指导单亲家庭里的孩子，和孩子们一对一结成对子，理解他们，跟他们做朋友。

需求、动机、特征、本能、动力。这个词最早是由埃里克·埃里克森创造的，1950年，在其开创性的作品《童年与社会》（*Childhood and Society*）中提出的，这本书使他成为美国最著名的心理学家。他登上了《时代》周刊封面，受邀去白宫主持会议，权贵们还会聘请他做心理治疗师，在他们的孩子展露不安的情绪时向他寻求专业意见。

埃里克森本人的人生故事也很奇特有趣。短篇版本是这样的：他1902年出生在德国，母亲是丹麦人，被她第一任丈夫遗弃了，也从未与埃里克森的生父结过婚，他的身份一直是个谜。母亲总是告诉他，在他出生后不久亲生父亲就去世了。当他长到3岁——开始有记事和叙述能力时——他母亲为了财产嫁给了虔诚的犹太教儿科医生洪伯格，埃里克被正式收养了，成了埃里克·洪伯格。他各方面都很像北欧人：高挑、金发碧眼，而他的"父亲"身材瘦小，有棕色的眼睛和头发。埃里克在洪伯格医生的教堂里参加宗教仪式，但这里的人们和他学校的同学一样，都称他异教徒。这没有构成他稳固的早期身份认同。埃里克二十出头就作为画家出道，出发去了维也纳，当他遇见弗洛伊德和他的女儿安娜时，他正在学校教艺术，他跟着安娜学习了心理分析学。没几年，他就碰到了天赋异禀的加拿大学生琼·莫厄特·塞森，她同样有身份认同问题，埃里克同她结了婚。他们最终来到了美国，在琼的积极合作下，埃里克在发展心理学的历史上留下了痕迹，一开始的署名是埃里克·洪伯格，58岁时改名埃里克·洪伯格·埃里克森，他改了新的姓氏，可能是因为他想强调，如果要说他是谁的儿子，那他就是他自己——埃里克，生的。埃里克·洪伯格·埃里克森能成为众所周知的"身份建筑师",可不是白给的。

埃里克森三个女儿中最小的一个——苏·埃里克森·布洛兰曾在回忆录中描述她那谈不上幸福的童年,虽然她在安逸的北加州长大。根据她的描述,埃里克森是个"笨拙的父亲",暴躁易怒却又敏感细腻。在社交中,他富有魅力,欣赏他的人很多。当这家的第四个孩子尼尔出生后,这个家庭就出现了危机,尼尔患有唐氏综合征,医生说他只能活到 3 岁。在妻子琼做了产后手术住院期间,埃里克森咨询了他的两个朋友后(其中一个是玛格丽特·米德),单方面决定把尼尔送到特殊照顾机构。他没有咨询琼的意见,这位可怜的母亲甚至没有抱过这个孩子。他还告诉其他的孩子,婴儿难产死了。(但事实上尼尔活到了 21 岁。)因此,埃里克·埃里克森不希望这段故事流传下去,也是可想而知的了。

"我们一家人都没有谈起过这件最伤人或者最让人愤怒的事。"苏·埃里克森·布洛兰在她的回忆录中写道。

埃里克·埃里克森为个人发展理论做出了不朽的贡献,而繁衍理论在其中根深蒂固:人类发展过程不会在青少年时期戛然而止,我们通过八个"社会心理阶段"而持续发展。埃里克森将这个过程总结如下:"在青少年时期,你会发现你喜欢做什么,你想要成为谁……作为年轻的成年人,你会了解你想和谁在一起——工作和私生活……然而,成年后,你又了解到你能照料好什么事和什么人。"

埃里克森的八个发展阶段论(有些不是"阶段",而是"任务"),对我们的常驻作者来说是一种内在的挑战。在阶段一,作为婴儿,我们的任务就是弄清可以信任的事和人。那时，我们楼上的作者还不存在呢，因此我们得靠自己想明白。阶段二到六，是获得自主的阶段，找到什么是目的，并建立稳固的关系。阶段八是最后的阶段，需要我们反思自己的人生。也是在这最后的阶段，我们的作者可能会总结出：我们的人生是充实而满意的，或者，若我们没能解决之前的危机或任务，我们的人生将会变得苦涩并满是悔恨。

在倒数第二个阶段，阶段七，繁衍——这不是个好词，但却是埃里克森所能想到的最好的词——开始发挥作用。埃里克森提出的阶段分别在什么时间发生，并没有硬性规定——严格来讲，它们不是连续的，而是互相融合的——阶段七主要集中在中年时期，"肘关节"——转折之年。正是在这时，我们问自己，我到底是谁？我们又通过自己的行为和价值观回答：我在世上留下来的东西就是我。而繁衍就是关心照顾下一代，就是留下些什么。詹姆斯·米切纳一生没有生育，但却赞助了 150 个孩子上大学，这是用行动进行繁衍。如果你寄赠爱心包裹，参加为乳腺癌筹款的步行马拉松，为穷苦人支教，宁愿饿肚子也不吃用聚苯乙烯盒子包装的外卖，那么你所流传下来的东西可能远超你的生育所得。

繁衍会产生收效，你的人生也会因此变得更美。献血、在学校做志愿者、照料社区花园，都能帮助满足你"被需要的需要"，丹·麦克亚当斯说道。这还会满足你为故事"画下句点"的需要。你为别人做了事情，让世界变得更好了。有人说，如果没有积极地繁衍，人生就没什么值得谈论的。

抚养后代也是一个极佳的自我提升的主题。假如你能忍受得了，请试着截取演讲和候选人的竞选自传看看。进步主义者倡议减少温室气体的排放，是看在"我们和他们的孩子分上"。保守党请求减少国家债务也是看在"我们和他们的孩子的分上"。希拉里·克林顿出版过自传《艰难的抉择》(*Hard Choices*)，她在修订过的后记里写道："我从来没有这样坚信过，我们在21世纪的未来，取决于我们是否有能力让出生在阿巴拉契亚山里，密西西比州三角洲或里奥格兰德谷的孩子和我的小孙女夏洛蒂拥有一样能成功的机会。"她说，她适时地提到了她的小孙女，这会成为她未来竞选中的关键词。

从人生故事的角度看，不繁衍，故事就远没有那么吸引人。埃里克森称之为"停滞不前"或"专注自我"阶段。如果你的人生缺乏一些繁衍的元素，丹·麦克亚当斯的采访表明，可能是人在起初就有心理创伤，或你的父母、老师和其他成年人都没能做出表率，展示出与未来的个人相连。麦克亚当斯说，没有后代的人生更容易恶性循环，不太会往前发展，最终也只是短暂存在的人生。埃里克森宣称，那些缺乏繁衍冲动的人，会把自己当成孩子一样放纵。

约翰·柯垂在其书《比自我更长久》(*Outliving the Self*)中，重新提到了埃里克森关于繁衍的观点，从埃里克森引进这个观点30年后社会与文化发生了转变，这点柯垂也考虑到了。那时，我们经历了避孕革命，导致更多的女性推迟生育，或者干脆选择做绝育。人类的寿命变长了，这意味着即使有了孩子，我们当空巢老人的时间也会比历史上任何时代都长。这两点进步都意味着我们比过去任何时代的"生理不育"时间都更长。柯垂说，这给我们带来了挑战：要在新的形势下想出如何保持比喻意义上的"多子多孙"。为了帮我们想出办法，他概述了"繁殖"的4种显著类型：生理上的（老办法，生育、抚养后代）、养育型的（教育、规范、激发这些后代）、技术上的（带教，把手艺传给其他人）和文化上的（通过艺术、科学、工艺等贡献新创造）。

柯垂还对埃里克森的一些设想提出了质疑。你很难说繁殖的冲动只局限于中年时期，而这点埃里克森只是粗略涉及。当我女儿读大二时，她决定选择健康与社会专业。受到博物馆展览的启发，她看到了通过全球发展领域的工作发挥设计热情的机会。我渴望放下一些东西，这要一直追溯到我13岁那年，那时我突然意识到，时钟可以没有一丝预警地就走到了某个时间。

由于繁衍做出的行动不是严格意义上的利他主义。一些心理学家说这是出于对"象征性不朽"的渴望。有点儿道理。对，和真正的不朽比起来，象征性的不朽是小巫见大巫。（"我不想通过我的作品实现不朽，"伍迪·艾伦说，"我想通过长生不老实现不朽。"）但能实现象征性的不朽也是聊胜于无。你不能长生不死，但你总会留下痕迹，比如你的故事，或者故事的某几个片段。我们听到的故事，我们讲述的故事，或者我们的楼上作者写下的故事，会代代流传，互相融合，然后无限地存续下去。

正如我说的，生育、抚养孩子是获得象征性不朽最简单自然的方式。好吧，至少肯定是最自然的。你的孩子了解你的故事，并且会把其中的只言片语流传下去。而且，你的基因也将继续存在，这样，你离真正的不朽也不远了。"如果我们能通过孩子或后代继续存在世界上，那我们的死亡就不是结束。"爱因斯坦写信给某荷兰物理学家的妻子悼念他的身故时写道。"因为他们就是我们，我们的尸体不过是生命之树上枯萎的叶子。""关键是要做一个好祖先。"很多人这么说，包括乔纳斯·索尔克。他不仅有孩子，还发明了脊髓灰质炎疫苗，拯救了千千万万孩子的生命，反过来给了他们寻求象征性不朽的机会，这些都会使他永存不朽。

当然，要实现象征性不朽还有无数种其他的方法。在世界上创造出新事物有助于减轻存在焦虑。研究表明，因为自己的优秀作品自豪或备受赞赏，至少在一定程度上可以抑制关于死亡的焦虑。有人说，对象征性不朽的渴望催生了艺术，即广义上的创造性：在世界上创造出新的事物。斯蒂芬·桑德海姆情景剧中的乔治·修拉唱道，"看，我在没有帽子的地方做了一顶帽子"，令人难忘。柏拉图将创造性比作生育，他说创造性就是"灵魂怀孕"。

但这也有不利的一面，约翰·柯垂指出，如果灵魂太多产，创造的渴望太强烈，艺术家会变成冷漠而沉着的恶魔。我的作品会流芳百世，而你们其他人都下地狱吧，我可不在乎。西北大学教授苏珊·李对玛莎·葛兰姆漫长的舞蹈事业进行了深入研究，玛莎·葛兰姆是最具影响力的编舞家，被誉为"现代舞之母"，但她在舞团的年轻舞者眼里却是个"坏妈妈"。葛兰姆是极度缺乏繁衍能力的，她的苛刻和残忍让她臭名昭著。

为了实现象征性不朽，我们要采取上百万种小伎俩，但即使这样，我们还是不清楚我们的动机。

我有一个年逾古稀的朋友，曾经是整形外科医生，现在不动手术了，只带教，他把他的经验传授给了别人，自己人生就会延续。

（这些年，这位医生还保留着他童年时期收藏的棒球卡，仍然会给他带来快乐，但当他把这些卡片统统传给他十岁的孙子，他的欢乐依然那么多。）当钢琴家——快八十了——和一个二十几的音乐家分享他的一组音乐，那他的人生故事就会延续。当这位年轻的音乐家弹奏约翰尼·莫瑟、科尔·波特、萨米·卡恩的曲调，这些作曲家的故事就会继续。当美籍华裔诗人（哈金）将犹太作家（艾萨克·巴舍维斯·辛格）奉为他的文学女神；杜鲁门·卡波特引用詹姆斯·亚吉的话语；J. K. 罗琳称赞 C. S. 刘易斯，都是一样的，他们的故事都会延续下去。

2015 年，年轻的神经外科医生保罗·卡拉尼什由于肺癌去世，年仅 37 岁，而他的第一个孩子——女儿凯迪刚刚出生才几个月。就在他去世前不久，曾在《斯坦福医学》杂志上发表了一篇论文，深刻而动情地反思了繁衍问题和象征性不朽。其中写道：

> 我希望我能活得久一点，让我的女儿拥有对父亲的记忆。语言能存在的时间比我本身长。我曾经想过，我可以留给她一系列信件——但真能说到什么吗？我不知道她 15 岁时的样子；我甚至不知道她会不会喜欢我们给她取的小名儿。她还是婴儿，拥有的都是未来，与我的人生只有短暂的交集，而我的人生已经没有新的可能性，都已经过去了。我能和她说的也许只有一点点。
>
> 很简单：在人生中的很多时刻，我们要描述自己，对自己的角色、做过的事情以及对世界的影响进行清点，我祈祷，我的女儿千万不要忽视她曾为临死的父亲带来的喜悦，我这

辈子第一次感受到这种满足的喜悦，这种喜悦不贪婪、平和而满足……

我们楼上的作者也会坚定地支持我们养育后代。为什么不呢？如果我们的人生故事能够延续，他的作品同样得到了延续，那么作者本身也一样会获得象征性的不朽。然而无论流传后世是多么重要，当他和我们一起悠然地度过"肘关节"之后的阶段，这个常驻作者关心的还不止这点。他最关心的是我们记忆力的状态。记忆会停滞吗？如果会，又是哪些记忆呢？英国精神治疗师菲利帕·佩里关于这个问题提出了"友好繁衍"理论。"当我们老去，我们那些短期记忆（而非长期记忆）会逐渐消退，"她说，"也许这是进化的一部分，这样我们就可以把塑造出的我们的故事和经历告诉年轻一代：如果想要有更好的发展，这些对他们来说至关重要。"

14　黄昏时的雪鸟

"出生、婚姻、死亡，"历史学家威尔·杜兰特说，"此外的事情都是次要的。"要真是这样就好了。相反，我们都相信生命就是不断克服障碍的过程。我们要在变化莫测的"肘关节"之年过关斩将，其中，我们会经历八个社会心理阶段，每一个都有自身的冲突或任务。一个接一个篇章——渴望亲密关系的阶段、不断尝试的三十多岁那几年以及人生最后的十年。

我回想起琳达和我短暂逃回佛罗里达休假的那段时间。我对这个项目投入太深，需要一些喘息的空间，所以我们去了离大陆不远的一个小岛。我们要全身心投入，电子产品也只能放一边。就跟医生要求的一样，这里什么都没有，没有快餐连锁店，没有公寓大楼；甚至不是每个街角都有 CVS 或沃尔·格林这类药店，不，应该说街角压根儿就没有药店。如果你正好需要降血脂药立普妥的替换药，那就只能祈求上帝保佑了。没有星巴克，也没有电影院。夜生活？没戏，所有人都早早地刷牙睡觉。岛上唯一的名人是个中年小说家，他去那里钓鱼，他觉得在那儿钓鱼是一种超验的、很有意义的消遣，海明威在走上他所谓的"光荣的道路"——开枪自尽前，也是这样想的。

在我们离开的前一天，忽然听到一个消息：演员、编剧哈罗德·雷米斯——《捉鬼敢死队》和《杂牌军东征》让他闻名遐迩——去世了，享年69岁。他的老朋友丹·阿克罗伊德发表声明："希望他终于找到了他一直追寻的答案。"讣告里却不曾透露他的"问题"到底是什么。

我花了十秒从那些争论里回到现实，然后在岛上实地考察了这个区域的三个主要物种——鸟类、鱼和雪鸟——怎样与生存需求做斗争。我先认真观察了岛上的鸟类，种类很多：苍鹭、白鹭、鸬鹚、美国黑鸭以及我们最熟悉的鱼鹰。

从我们的窗户望出去，正好能看到一对吓人的老鹰在某个平整处打理他们的窝。有一只仿佛是从瑟伯漫画（或者你更喜欢罗伯特·克鲁姆的漫画也行）中飞出来的雌性鱼鹰，她比她的伴侣体型更大、声音更高亢。她的伴侣主要负责捕鱼，每次回到鸟巢，爪子里都抓着一条鱼，如此来回往返，他看上去心安理得、任劳任怨。接着，雌性鱼鹰用她可怕的喙撕开鱼，一点点喂到她两只雏鸟的嘴里。这些鱼鹰似乎清楚地知道他们目前的人生目标：繁衍。鱼鹰会吃雏儿不是空穴来风，但现在他们照顾下一代，并且遏制住了想要吃掉他们的冲动。这是配偶间出于本能的约定，如果不吃掉下一代，雌性和雄性鱼鹰就会合作照顾他们的雏鸟八周左右，直到他们能从巢里飞出去。小岛的环境十分适合这种永恒的情境。

我们窗外的海湾里有很多钉鱼，即使最笨拙、惧内的鱼鹰也能轻易抓到。倒不是说有"愚笨"的鱼鹰，鱼鹰可以用每小时64公里的速度，从15米高的地方高速俯冲到水中，基本上每次都能抓到钉鱼。他们和人类一样具有反生拇指，这是我们唯一的相似之处，当然还有一点，我们都希望自己的孩子能平安无事地从巢里展翅高飞。

为了研究鱼类，我在海湾的海岸边花时间抓到了一些海鳟和难吃的墨西哥拟海鲶，然后又把他们放回去继续"鱼生"旅程，继续鱼类的社会心理阶段。在我们快要离开小岛的时候，游来了一大群壮观的银色大海鲢，他们是来产卵的。因此尽管很多薄命的父辈在鱼钩或鱼叉下被捕，继而被送进海鲜餐馆或人类的嘴里，它们的种族数量还是会得到补充。抱歉啊，没有专门为你预备的生命周期——愚蠢的人类。无论牺牲、生殖和繁衍、出生和婚姻，在这个岛上都是随着季节交替有序进行的。

至于雪鸟，我不清楚它们是如何融入这个大环境的。在寒冷的季节，成千上万只雪鸟来到这个岛上过冬：中年后期或者处在金色年华的鸟儿，每年都会从寒冷的气候迁徙过来。他们既不繁殖也不照顾后代。这时，他们不进行生育，而他们的孩子也在很久以前就已经独立。约翰·柯垂在《比自我更长久》中一语道破：由于我们现在的寿命更长了，生理上的不育可能会长达数十年。

因此当我们到雪鸟的年纪，不论我们是在南方躺着晒太阳，还是在北方啃着冰冷的面包，我们都会盘点存货，这都不足为奇了。在为时已晚之前，我们有很多记忆需要保存。我的一个朋友收集了很多他母亲保存的照片和日记，之后出版了关于她一生的限量版书籍。琳达从中看到了商机，并构思出一套商业计划——她称之为"电子陵墓"。营销目标是那些想要对最近去世的至爱之人表达体面的敬意、但又不知怎么开始的人。这样，你就可以登录电子陵墓网站，在这里你可以雇佣有经验的创作团队——作者、编辑和美术设计员——去创作多媒体形式的人生记录，永远保存在网络云存储上。或者说，只要科技允许，它就能永远保存下去。我能想到的唯一漏洞是：也许有一天人们会重写密码，电子格式过期或在未来的硬盘上无法播放，或者云服务本身失效了——那会怎么样？个人照片、日记，一切都会消失。逝去的挚爱之人如同又经历了一次死亡，而这一次是彻底的死亡。

其他有利的论据是：《纽约时报》报道，我们正处于一次创新写作的高峰期，虽然比不上20世纪20年代巴黎文坛的欣欣向荣，但也是一次引人注目的浪潮。文章谈到，出现了越来越多的成人教育项目，"指导人们描述和重现难忘时刻的技巧"。我们的讲师说，我们现在活在"回忆录的时代"。我十分支持这种浪潮。那些即将成为回忆录作家的人，很多都已经到了雪鸟的年纪，有太多需要确认的事情。他们感觉到有价值的故事本身在不断发出声响，他们希望能通过文字将其记录下来。当我问到这些，不少中年人会怯弱地承认，他们还没有自律到去果断采取行动。（似乎他们没人明白克里斯托弗·希钦斯的俏皮话："每个人的故事都是一本书，但大多数情况下，只有自己能看到。"）然后我问道，为什么把故事写下来，对他们如此重要。有些人感叹道，家人现在都天各一方，当大家在特殊的日子或假期——比如感恩节——相聚一堂的时候，也没有人再讲讲家庭故事了。每个人都目不转睛地盯着电视屏幕，常常还两个屏幕一起看。甚至连爷爷都把平板电脑放在膝盖上，一边看球赛，一边打盹。我们不再像以前一样讲述或倾听家庭故事，电子邮件或者 Skype 也无法达到这样的效果。（Lady Gaga 在得州音乐节的舞台上呐喊："当你死后，没人会在乎你发了什么推特。"）在线留言对保存家族传说也没有什么帮助。家族的 Facebook 网页基本没人打理，因为反正也没人看。而用文字记录个人的历史，却能很好地填补这些空白。

至于中年人为什么想记录他们的故事，我最常听到的答案是："为了我们的孩子。"他们说，有一天，也许他们的孩子或者孩子的孩子，会对他们的故事感到好奇。一种美好的愿望？也许吧。但是我们必须承认，我们的孩子或者孩子的孩子有朝一日可能会对我们的故事感到好奇，我们的故事也得以流传，想到这一点，确实很让人欣慰。然而，当我问道，让自己的故事流传下去的愿望是否和"不朽"有关，并暗示"回忆录时代"的产生是源于婴儿潮时代出生的人们想要确保自己存在的痕迹不会在时间的迷雾中消失时，大多数人会很快打消我的念头，"不，"他们会摇着手说，"人一旦去世，就会消失了。"人生的意义就在于它的有限性。

我真不敢相信他们是这样认为的。

看吧，我们的故事确实有一部分会流传下去。我相信我在前面已经向你们证实了。有一些是史诗级别的，还有一些则是只言片语，它们出于各种各样的原因而存在。如果主角在具有历史意义的剧目中扮演角色，那这个故事就会被盛传。比如甘地和本·拉登的人生故事。还有一些故事能流传，是因为主角在世上留下了无法超越的原创和美。比如米开朗琪罗、莎士比亚和比莉·哈乐黛。"猫王"埃尔维斯的人生故事不仅没有消失，还不时地出现在大众的视野里。

没那么出名的故事同样也会流传。这样的例子就在我们身边。几分钟前我查看电子邮件，收到一封莫名的来信，写信人是我的校友，虽然我不认识她。她说她想写另一位校友安卡·罗曼丹。安卡出生在罗马尼亚，毕业后继续攻读博士学位。她在33岁时英年早逝，那时她已经是马萨诸塞大学艾默斯特校区的教授，人们怀念"她精通多国语言，潜心钻研复杂的社会学理论，并且……对研究生悉心教导"。在罗马尼亚东正教教义中，死者去世后的每七年都要为其举办纪念仪式，而安卡的纪念仪式也快到了。这封信是为了募捐成立基金，奖励助学金给那些"继承安卡精神和研究热情"的学生。安卡的人生故事还会继续流传下去。

你的故事，我的故事，我们每个普通人的故事都会流传至少一小段时间。大部分人期待自己的故事流传多长时间才比较合理呢？如果你有孩子，他们也有孩子，那就是70年左右，好像大部分研究人生的学者都达成了共识。你的孙辈几乎一定记得你的姓名，也许对故事的开头、过程和结尾还略有所知。你的曾孙辈就只能知道一点点或者全然不知了，除非你做出了惊天动地的好事或坏事，甚至创造了历史。70年就是70年，它不是永恒，但总比"人生的意义就在于它的有限性"这句话，令人宽慰得多。

第三部分

结尾

如果说人生流逝最终会变成什么，那应该就是书吧。

——詹姆斯·索特《激情岁月：追忆往事》

15　鬼神论

坦白地讲，在古老的乡村墓地四处徘徊，并未让我成功摆脱对死亡的陌生感，虽说我还是取得了一些进步的。在空置的卧室里，我读着成堆的关于死亡和走向死亡的书籍，我梳理了几个关键问题：结尾会在多大程度上塑造之前的故事？假设没有死亡，我们会关心人生的意义吗？到底它是无处不在而我们视而不见，还是它是在我们找不到的地方，或者它压根儿就不存在？

若不是我过分纠结于别人尤其是弗洛伊德的关于人生终点的论断，也许能在这几个棘手的问题上取得更多进步。他说："如果你愿意接受生活的洗礼并活下去，就要让自己为死亡做好准备。"但说说容易，做起来难，我亲爱的西格蒙德先生。谁会愿意想到人生的终点？谁愿意为自己的死亡做准备？最近，我在飞机上看到一个五十多岁的男人拿着一本阿图·葛文德的《最好的告别：关于衰老与死亡你必须知道的常识》（*Being Mortal: Medicine and*

What Matters in the End），他强迫自己读了一两页，然后又把书扔在一边，开始玩起放在椅背口袋里的数独游戏，这样的逃避真是简单方便啊。

我在长岛的一周里做过的最痛苦的事之一，是小心翼翼地拼凑出一张理由清单，是关于人们为何如此害怕走向死亡的（弗洛伊德称之为"塔纳托斯恐惧症"，塔纳托斯是古希腊神话中的死神）。我的调查告诉我，死亡是包裹在迷雾之中的谜中谜，它被不祥的氛围笼罩，被胡乱的猜测所掩盖。克服死亡的恐惧？其难度不亚于攀登高山。也许还必须有点儿运气。就像那位在"卢西塔尼亚"号沉船事故中活下来的女士。埃里克·拉尔森在《死亡觉醒》（*Dead Wake*）里讲述了一个女人的故事，当船被鱼雷击沉，她差点溺水，而她与生俱来对死亡的恐惧却意外地被治愈了。"我能想到的唯一解释，"她说，"是当我仰面漂浮在阳光照耀的海水里，我知道，我已经十分接近死亡了。"她一点儿也不害怕，"相反，还有一点点被保护的感觉，死亡貌似很亲切。"

我们必须消除对于死亡的陌生感，这根本毋庸置疑。而死神却是一头变形兽，千变万化。"我们害怕的是未知……没有比这更令人害怕的事情了。"当一起对抗守卫魂器的阴尸时，邓布利多对哈利·波特说。邓布利多如此智慧敏锐，却丝毫没有提到我们害怕死亡的众多理由。我隐居在那间闲置的卧室，慢慢盘点各式各样的死亡焦虑。原谅我有些词穷，结论主要包括三大要点：我们害怕死亡会打断我们的个人目标；我们害怕死亡会破坏我们亲密的关系；我们害怕接下来会发生的事情。说得再明白一些：我们害怕疼痛和受苦；我们害怕虚无；我们害怕自己会错过些什么。

（"我将死去，就这样独自死去，可这个世界没有我，还是会欢快地继续。"大卫·福斯特·华莱士在一次采访中说道，那时他31岁，15年后他自杀了。）我们害怕自己不能完成重要的事，即使我们也不确定是否有重要的事要完成；我们害怕见不到上帝；或者说，我们害怕见到上帝之后，发现死后发生的事情远比死亡本身更糟糕；我们害怕丧失过去和未来。米兰·昆德拉观察到丧失记忆是死亡的前兆，这也是我们的常驻作者内心最为恐惧的事情。没有记忆，故事作者就无事可做。又一个作家要失业了。

我们也害怕会丢下我们最爱的人，再也没办法保护他们。我偶然读到过一位退休的悲伤情绪治疗师写的短文，他被诊断出肌萎缩侧索硬化。他说，他担心自己去世后，妻子不能好好生活，尽管他的下一句就是说他们在一起的几十年，全靠她妻子照料一切。他不得不承认，他对妻子的担忧其实是一种"自怜的体现"。

这一点我深有同感。我和琳达曾经一遍又一遍地讨论到底谁先去世。我们就像两个三年级学生在滑雪。我想先来！不，我想先来！虽然表面上，先走一步看起来既无私又高尚，但这又能糊弄得了谁？先去世并不会帮到另一方，反而会让活得更久的那个人受苦。

人生充满着对死亡的畏惧，这种畏惧透过薄如纸的思维屏障不断地产生回响，你愿意成为楼上的作者，尝试把这样的人生讲述得合情合理吗？已故外科医生舍温·纽兰发现医生和护士一直都在直面死亡，但他们很少会写点儿什么。另一方面，诗人、散文家、哲学家，当然还有你的常驻作者——那些很少与死亡面对面的人——却又把这个话题引为己任。

在墓地里安静地散步，使我能暂时逃离这些纸上谈兵，也激发了一两次头脑风暴，回想起来，有不少想法还是相当怪异的。举个例子，这一天：

我花了一早上研究斯坦利·霍尔写于 19、20 世纪之交的期刊论文，主要是说儿童是怎样生来就不喜欢靠近尸体，即使是在他们还未形成死亡概念的时候。霍尔接着思索了为何尸体在任何年龄段的人眼中都是令人不安的。举例来说，在历史上人类为什么会迫切把死人安置在阳光晒不到的地方？动作很快，能有多快就有多快。霍尔说，这是因为我们不想直面自身肉体即将发生的事情。根据霍尔的这篇大作，20 世纪初的人们似乎真的相信"蠕虫会在你的尸体上爬进爬出，在你的鼻子上打扑克"。（霍尔称这支小曲儿为"诗意的憎恶"，但也不得不承认，当我们第一次在校园里听到这支曲子时会觉得很搞笑。）霍尔花了很大篇幅来确保我们理解：我们事实上最终不会沦为蠕虫、幼虫、蛆虫滋生的腐肉。忽然，发生的事情就变得温和多了，但也更恐怖了。我们被自己身上的细菌缓慢又温柔地吞噬着。这让我不禁感到好奇，法老们被埋葬在巨大的陵墓里，他们是否自欺欺人地认为更多的陵墓会让他们免于腐烂，就像牙膏里的氟化物那样？

霍尔对于我们为什么会怕鬼的解释也很有趣。顺带一提，我在这个古老的乡村墓地从来没有遇过鬼。鬼魂使我们困扰，主要有四个原因：（1）他们阴森的外表和穿着；（2）他们漂浮在空中，还能穿透坚硬的门和墙壁；（3）他们没有什么可失去的，所以再荒谬的行为也干得出来；以及（4）他们令我们的罪恶感挥之不去。我发现最后一点很有趣，在我们的朋友或深爱的人去世后，我们通常会反省，在他们活着的时候，我们可以也应该善待他们，但我们做得远远不够。因此，既然没有什么可失去的，那些没有被公平对待的亲友，他们的鬼魂就可能会回来给我们应有的惩罚。读到这儿，我豁然开朗：为什么当父亲或母亲去世，孩子会感到内疚。这也让我想起很久以前那些凄凉的夜晚，每次睡觉前我都会检查一下床底。

霍尔的论文很长，但完全没有提到类似楼上作者这样的事情，我也不指望他。然后，在某个甜蜜的午后，我坐在墓地的一个标识牌下面，上面写着"未经允许，不得植树、奠基或者树立纪念碑"。我突然有个想法，算是我比较上乘的头脑风暴之一，或者至少在当时是：我们不曾想到过，这篇论文对解释鬼魂的本质和目的大有帮助。

如果这些回来报复的鬼魂，不是我们逝去的深爱之人的灵魂呢？如果鬼魂其实是他们的作者的灵魂呢，因为我们可能曾经轻视过或破坏过那些死者的人生，以致他们现在回来报仇？也许是因为我们没有给予他们足够的爱或支持。也许是因为我们曾对年迈的父母置之不理，把赡养的义务都推卸给了我们不幸的姐妹。也许是因为我们借鉴了同事绝妙的想法，却独占了名利。也许我们曾是不称职的丈夫或妻子，并且从未弥补过对方。无论我们做过些什么，我们曾经的行为都让别人的人生变得没那么有意义，不难理解，这激怒了他们的作者。也许我们摧毁了别人的人生意义。假如你是楼上作者，你花了很多时间、精力让这个故事顺利发展，结果却被任意妄为或自私自利的兄弟、上司、朋友、父母或孩子永远地破坏了，你能不生气吗？

16　求一个善终

　　我不希望给读者留下这样的印象：在长岛的那几周，我是毫无准备地开始工作的，在我抵达那里之前就已经做了很多了解死亡的基础工作。起初，是关于死亡和走向死亡的访问，全都归纳在我搜集的访问材料中。一个女人——刚过50岁生日——说她能接受死亡，"假如死亡来得恰如其分的话，理想情况下我想活到110岁。"她很快补充道，子女的离去更让她感到害怕。她说：好的方面是，她的祖母很幸运，去世时没有痛苦。她是大提琴手，在突然去世的前一天，她还表演了弦乐四重奏。"她的神志还十分清醒。"这个女人回忆道。在她去世前不久，她看了最喜欢的节目《危险边缘！》(Jeopardy!)，在那之前，她还全部做完了《纽约时报》上的填字游戏。然后她觉得有点累，躺下来打盹儿，接着就这样停止了呼吸。

　　很多人都希望我们可以如叶落归根般安静地结束人生，但事情往往没那么简单。"'自然死亡',几乎从字面上就告诉了我们这是一个缓慢、发臭、痛苦的过程。"乔治·奥威尔在他的文章《穷人之死》(How the Poor Die)里这样写道。据大多数人说,缓慢、发臭、痛苦正好就是他们想要避免的死亡方式。尤其是在冰冷的医院里去世——在那里待了几天或几周,接受了昂贵的医学治疗却又徒劳无功,护士们粗暴得像《飞越疯人院》里的护士长拉契特;实习生笨手笨脚,年龄和《天才小医生》里的杜齐·豪瑟一般大——死亡"在这里被抹去了肉体的衰败,包装好等待那现代的葬礼",舍温·纽兰这样描述道。我们当中八成都会是这样的结局吧。

很多人告诉我,他们赞同用人道方法,在别人尽心尽责的协助下死去,这种死法在几乎所有国家都莫名地不合乎法律,只有屈指可数的几个州和几个国家能接受。在我采访过的人里,没人能说出一些我觉得是原创的死法。只有技艺高超的作者才能以别出心裁的方式描述死亡。唐·德里罗是少数能做到这点的人之一:"燕式跳水动作,滑动白翅,优雅流畅,而水面却波澜不惊",当他笔下的虚拟人物谈到理想中的死亡时如此说道。

我会毫不犹豫地选择这种方式,是你你不选吗?

所以,告诉我,咱们也相处一阵儿了,如果我能问的话:你怎么看待死亡?死亡驱动着你人生故事的结局吗?但凡越过雷池半步,你就会被地狱的烈火焚烧,你相信吗?你认为故事里每一个小波澜都预示着最终的苦难吗?如果是,人生就没有多少乐趣了。"如果你一生都只关注死亡,就好像看完了整部电影却一心想着最后的鸣谢。"小说家尼科尔森·贝克说。

或者，你没有主动沉溺于死亡思考，而是在向楼上作者传达五味杂陈的信息？也就是，你要知道，假如这样那样的事情发生在你的生命里，你其实将会"幸福"地离去？当我在写这些的时候，我家乡的芝加哥小熊队正逐渐长成最具潜力的年轻棒球队。二十多年后，他们迟早能打进职业棒球联盟决赛（World Series）。接着，芝加哥对战约翰斯敦？芝加哥市长拉姆·伊曼纽尔打算让全城空巷吗？也许他应该这样做。无数小熊队的粉丝，无论男女，都已经发下血誓，只要小熊能赢下一场决赛，他们就此生无憾。极富洞察力的楼上作者知道——也许拉姆也清楚——他们是在吹牛。等到庆祝彩带在"大环"[1]尘埃落定时，小熊的铁杆儿粉丝估计都在天国的阶梯上排大队了，明智的作者恐怕很难想象这样荒唐的场景吧。他们能想到的是所有球迷挤在比利山羊酒吧里烂醉如泥，不停地喊着"再来一遍"。就一遍，也许两遍，那样他们就真的死而无憾了。

你总是拿死亡开玩笑，觉得它没什么大不了的？伟大的散文家克里夫·詹姆斯正在同白血病做斗争。他是位真正妙语连珠的人。他说他再也不用担心戒烟了。他的处境"略显尴尬"，他曾写了首诗说自己即将魂归大地，可是后来却没有。如果是我，我会大方承认自己罹患"艾伦·柯尼斯堡综合征"几十年了，这个病更常见的名字是"伍迪·艾伦性格分裂症"。我们都会用无数的俏皮话来掩盖对死亡和存在主义悲剧的总体感觉（"我们真能'了解'宇宙吗？上帝啊，能在唐人街找到路就够不容易了。""我并不害怕

死亡；只是当它发生时，我还不希望生命结束。"）

不，我一点儿都不喜欢预设死亡。我也不喜欢谈论它，尽管我确实相信，由于自己在墓地待了一段时间，不再那么紧张了，并消除了一丝丝对死亡的陌生感。在此之前，每当我谈论死亡时都很忌讳。我曾提醒琳达，我不可能永远在她身边教她如何下载图片文件。在一些自然而然的情况下，我也会吐露心事，比如"哦，你知道我刚才想到什么？我永远不必再买衬衫了"。我碰巧衬衫多到穿不完，因为也就是在最近，之前我经常出差，需要很多干净衬衫能随时换洗。很明显，我不是唯一对死亡谨言慎行的人。小说家詹姆斯·柯林斯，我猜他大概五十出头，曾经写过某个报纸的专栏。他不厌其烦地数清楚了本来装着5000枚订书钉的盒子里只剩下4850枚了。估算一下，假设他每年用掉15枚，这样的话，还需要323年才能把这一盒订书钉用完。

我也是，订书钉多得用不完，但这可不至于让我午夜惊魂。然而，想到我再也不用买衬衫这件事却让我感到警醒。衬衫比订书钉与我们的生活联系紧密得多——至少我是这样。我的衬衫足够让两个健康的男人再穿至少15到20年，这让我有点儿安心，却也多少有点儿忧郁。

我们再说回你，如果方便的话：请问你能否完全肯定你对于迎接死亡的感觉呢？如果是这样，本书附录中有个练习，可以很方便地告诉你，你的感觉是怎样的。先回答一些问题，然后你就会看到你的"死亡态度描绘量表（修订版）"。这张量表被"恐惧管理"咨询师广泛运用，用以表明人对死亡的"接受"程度。研究人员也会用这张表来测量不同人群对于死亡态度的差异。哪些人更能接受死亡，女人还是男人？信徒还是无神论者？巴布亚的原始部落还是格林威治村的演员？或者说，任何一组能激起研究人员兴趣、并保证基金补助的实验对比组。

如果你感到好奇，不妨用"死亡态度描绘量表（修订版）"测试看看。算好你的得分后，你可能会发现自己属于下列某种情况：

1. 你对死亡持中立态度：你接受死亡是生命的一部分。对死亡中立，意味着你既不（特别）害怕，也不期待它的来临。

2. 或者你倾向于死亡：假设死亡不是真正的终点，你能接受它。如果你倾向于死亡，那你很可能相信来世。即使你不相信宗教里的来世，你也可能会接受死亡。这种情况下，你已经说服自己会以某种具有象征意义的方式活下去，例如通过你已经完成的事业或者留在世上的亲人朋友。

3. 或者你的"死亡态度描绘量表"结果会表明你将死亡视为解脱：你把死亡看作一种不错的选择。倒不是说你想去死，但在一定情况下——比如得重病、孤单到绝望或者极度郁闷——生不如死的情况。

我认为没必要用"医疗电子交换法"（即 HIPAA 法案）中的隐私协议来隐瞒"死亡态度描绘量表"的测试结果，因此我很高兴——好吧，其实我不高兴，但是愿意——分享我的结果。这样我们就能相互比较一下了。

首先——我并不惊讶——我的测试结果显示，我有种强烈的倾向，反对死亡会把我们带到更快乐或更美好的境地；或者死后能与我们深爱的人团聚；或者灵魂会升空进入轨道，最终在这个或那个星球软着陆。

其次，我对死亡的接受度持坚定的中立立场。我认为它是不可否认也是无法避免的。死亡就是死亡，终究是人生的一部分。

最后，尽管我整体上持中立态度，然而，有时候一想到死亡，还是会心惊肉跳。我不确定死后会发生什么，但我也没有因此睡不着。

17　咖啡馆里的蝴蝶

　　在向东奔赴长岛前几周的某天早上，我起床后洗完澡，从衣橱里几十件干净的衬衫里面挑了一件穿上，开始盘算我本不愿做的一件事情。琳达答应和我一起出席，但她像往常一样镇定自若。我们爬上车，一路驱车到埃文斯顿。那天正是个美妙的春日，让人不禁庆幸死亡与我们无关，我们还能活着享受这一切。但手拉手在清香的植物园嬉戏游览，并不在我们那天的行程之内。我们当时是要去参加当地一家死亡主题咖啡馆的开业活动，这种咖啡馆在全球约有 1.5 万家分店。也许你听说过死亡咖啡馆，它将自己定义为"社交连锁服务"，一种非营利性质的——不知道该称它为什么——事业？运动？革命？宣泄？

　　死亡咖啡馆是几年前从伦敦开始风靡的，灵感类似于十年前瑞士人尝试过的某个想法。不管是在挪威奥斯陆、塔斯马尼亚还是芝加哥的郊区，死亡咖啡馆都是生者们非正式的聚会。大多数的与会者之前彼此素不相识，他们聚集在某人的家里、教堂、面包房或酒吧，大家一起喝杯咖啡，吃点儿巧克力饼干，如果愿意的话，可以谈谈内心深处对死亡的焦虑。或者说，假如你没有对死亡的恐惧，也可以配合地思考下死亡和走向死亡在理论上对你的意义。有些人天生矜持寡言，还有些人连珠炮似的，仿佛是在自助洗衣房等洗衣机滚动结束。他们话多得让别人无言以对，让人恨不得把他们当场掐死在折叠椅上。

我们那场活动是在繁华的老年社交活动中心举办的，一张巨幅海报张贴在人来人往的大厅里——死亡咖啡馆——绿色大箭头指向长长的走廊。我只好猜测毫无防备的老年朋友会怎么看这张海报。殡仪馆的临时商店？如果我已经到耄耋之年，看到指向死亡咖啡馆的标记，给我一百万美元我也不会往这个走廊走的。我会毫不犹豫地直接走向"水上增氧健身操"。

参加死亡咖啡馆的人，年龄从 45 岁到 80 多岁都有，几乎全是女性。我是仅有的五六个男人之一，我们把胡须修剪整齐，应该都是想展示出男子气概吧，或者是想瞒过死神我们真实的年龄，虽然也只是徒劳。

这些人到底是谁？形形色色。有一个女人是悲伤救助中心的工作人员（你可能会想，休息时她应该找些更高兴的事情做吧）；有位八旬老人曾经是荣格心理分析师；有前图书管理员；有大屠杀的幸存者；还有不分教派的通用牧师，他想要安慰那些悲伤的家庭成员，但其实他本人也惧怕死亡。另一个女人说，她来到死亡咖啡馆是因为朋友请她去看了小熊队的比赛，她就回请朋友到这里来。

活动组织者——她似乎很活泼——朗诵了一首关于蝴蝶的诗作为开场。然后她建议我们在房间内走动走动，做做自我介绍，简短地交流一下关于死亡的看法或希望在死亡咖啡馆获得什么。轮到琳达时，她微微一笑，朝我点一下头，然后开门见山，"我们夫妻俩有不同的宗教信仰"——就好像其他人看不出来似的。然后她解释了她是如何在天主教的环境里长大的，我们结婚这么多年，好几次争论过是否有来世。我只清楚地记得一次这样的争论，也就两秒钟吧。那次，我们是在湖边散步，我真记不得是为什么了，我们谈到以后（死后，不是搬离芝加哥以后）会发生什么。琳达说，想到这辈子结束后可能还会有下辈子，也感到很"欣慰"，对各种可能性保持开放的心态，也挺鼓舞人心呢。我确实不记得我是怎么回答的，但肯定是在我们进一步争论之前恶声恶气地结束了谈话。现在回想起来，是啊！我真是个浑蛋！为什么我，还有我们这些人，一点都不愿意了解或不能容忍别人的精神信仰呢，甚至是那些我们深爱的人的信仰？所以，是的，我在这里道歉，省得以后被车撞。

　　轮到我的时候，我很自然地保持了高姿态。我没有谈到我们关于来世的争论，也没有提我们生活中斗嘴的原因：没有人的房间琳达也不关灯；还有我站在厨房吃面包，搞得满地碎屑，琳达简直火冒三丈。我的发言很简短，主要是我们对死亡这个话题的大致想法——从法律程序的角度，你可能会说我不走心。我们的地产文件是否过期？我们已经从伊利诺伊搬到了威斯康星，是否需要重新考虑我们的遗嘱？我们是否还记得几十年前指定的监护人和授权书？他们还活着吗？如果已经去世，还有谁年纪尚轻、必要时还能指望得上？

接下来的两小时很快就过去了，谈话的内容天南地北。那位大屠杀幸存者说，她对走向死亡没有一丝畏惧，她"曾经九死一生"。每个人对"善终"和"不幸离世"的理解不一样，我自己也难以区分。有人谈到《相约星期二》（*Tuesdays with Morrie*）这本书令她受益匪浅。还有人推荐《最重要的四件事情：一本关于生活的书》（*The Four Things That Matter Most: A Book About Living*）。我很好奇这四件事是什么，回家以后就查了资料。这本书建议你在死之前应该：（1）寻求原谅；（2）原谅别人；（3）感谢那些爱你的人；（4）也和他们说你爱他们。（当然，前提是你说的是真心话。）那位无派别的牧师说，如果你在临终时能说"我和我爱的人都很和睦"，那么应该称得上"善终"了。这番话赢得了这次会议中最持久最广泛的赞同。

最后，琳达和那位退休的荣格心理分析师进行了有趣的交流。关于"共时性"，琳达提到开场那首关于蝴蝶的诗让她想起母亲去世的那个下午。在母亲住院的三周里，她整夜守候在母亲的病榻边。但母亲最终还是去世了。琳达跑了出去，坐在花园的长凳上平复思绪。突然，飞来了一只白色的大蝴蝶。它在几厘米远的地方盘旋了相当长的时间，好像是故意吸引琳达的注意。心理分析师听完后说，蝴蝶（希腊语：psyche，有"精神"之意，也有"灵魂"之意）是经常出现在与死亡相关的梦中的意象。荣格把蝴蝶和变形、复活以及灵魂的不朽联系起来了。一些荣格心理学家还会把蝴蝶和观察联系起来，他们认为蝴蝶在守望着我们。它们飞落下来，合上翅膀，然后又轻轻地展开，仿佛在睁开注视的双眼。

回到我们温馨的家里，终于能放松了，就像我说的，我们不常在家里讨论死亡这个话题。但总体而言，我和琳达都认为死亡咖啡馆是一次颇有意义的经历。这几个小时的交流让我们对死亡又消除了一些陌生感。听别人谈论死亡，对于楼上的作者也会有特别的好处。你的作者会意识到其他作者也面临着同样的挑战：我们情绪复杂的信息、我们否认的事情，还有一大堆害怕的事。此外，这还能让楼上作者明白，有时候死亡就和我们说的一样，是一种祝福。把你的作者拖到死亡咖啡馆，打开心扉浅谈一二，这本身就意味着你不怕去尝试理解死亡。也确认了死亡并不能推动人生——而是你，坚定的作者，在推动着它。这应该会略微提升你的作者的自信心。不管现实中的还是比喻意义上的，哪个作家不会把这一点利用得更好呢？

现在我意识到，去死亡咖啡馆是众多消除对于死亡陌生感的方法之一。其他有效的方法还有举办聚会、出丑或嘲笑死亡。新奥尔良的乡民往往很擅长于此：比如说，哀悼者的队伍会伴随着南方爵士乐的优美和弦。还有些新奥尔良人甚至更夸张。2014 年，一位新奥尔良女士的遗体没有躺在棺材里，而是靠在厨房餐桌边，餐桌上有一个烟灰缸、一罐雪山啤酒，还有两顶新奥尔良圣徒队的迷你头盔。这具尸体戴着太阳眼镜，手里拿着烟——保持着所谓的坐姿。（如果你热爱瑜伽，顺便说一下，不妨考虑死前再做一次具有英雄气概的"勇士三式"。）

西尔维亚·普拉斯说，对于一些人来说，走向死亡是一种艺术。在纽约，有个女人得了子宫癌，她为自己举办了长达一个月的告别聚会，在她家里招待了很多家人、朋友。在伊利诺伊州，有位当新闻主播在电视上就事论事地宣告，他只有四到六个月的寿命了："我相信这都是上帝的安排，我内心很平静。我知道上帝会把接下来的日子安排好，而我的目标就是尽可能地好好活着。"在克利夫兰，有一位 56 岁的父亲得了癌症，将不久于人世，他牵着女儿步入教堂完成婚礼，履行了他的承诺。是救护车把他送到教堂，坐着医院的轮床进去，并在一群志愿者医生的帮助下牵着女儿走完了教堂红毯。当他 24 岁的女儿止不住眼中的泪水，他提醒她，可别弄花了妆。三个星期后，他去世了。

这些故事都能打动人心，是楼上的作者会放在心上的故事类型。这些故事也会继续帮我们消除一些死亡的陌生感。而有些故事，却产生截然相反的效果。我想起某个住在洛杉矶的千禧一代，他请殡仪员通过短信给他发一张母亲遗体的照片，他说这样就没有亲眼看到的那么伤心了。

18　树荫下的地方

有一天，我从墓地散步回来，径直走进了厨房。琳达正要吃"意式干酪加风干番茄"三明治呢。

"我有个好主意！"我说，"我正考虑我们不如就葬在那个古老的墓地。"我的语气很轻松，仿佛是在告诉她我想到了晚上去吃饭的好地方。"我的意思是，不要过度浮夸，"我说，"不要巨大的陵墓或者高耸的方尖碑，只要两块并在一起的坟地，树一块有设计、有品位的石碑，能刻下我们两个人的名字、生卒年月、信仰和精选的观点就行。你写我的，我写你的。相信我，这样肯定更好。"

她吃了一惊，不是因为她正要吃温暖可口的食物，而我突然抛出死亡的话题，也不是因为想到又要换个墓地。现在她也十分乐意尝试新的地点。在过去几十年里，我们因为工作四处搬家，倒是与死亡无关——纽约城区、伦敦、诺克斯维尔、纽约郊区、麦迪逊、威斯康星州、芝加哥，再加上在佛罗里达西南部短暂工作过一段时间，我公司总部在那里。琳达很善于在新的环境里拨开层层迷雾找到方向，安定下来，并结交到新朋友。不过，倒不是说要扎下根来，就非要具备这些技能。

然而让她震惊的都不是这些，而是我的提议十分具体。这么多年来，我们只是含糊地谈过身后之事，基本都是避而不谈。倒是在我们参观伊萨兰学院的时候，徒步穿越红杉林，被难以言表的壮丽风景感动，我们用轻松的语调谈论了死后骨灰的安葬之地。到底是撒在大海还是森林里呢？大苏尔的森林一点儿也不比树木成荫的专业骨灰墓地差。琳达是在纽约布朗克斯海湾边的小岛上长大的，她说，她宁愿把骨灰撒在海里。而我选择撒在森林里，我从来不喜欢航行，更不要说想到死后骨灰会在海里随波漂散了。但现在，突然之间，就在她正好要咬下一口意式三明治的时候，我提出了一个如此具体的方案，她最终还是会葬在真实的墓地，上面还有具体的石碑，在一个真实具体的镇子上，这个镇上我们还有一些真正的朋友，但没有至亲，在我们整个的人生中，我们在这里总共待过不到两周。这实在是需要一个接受的过程，所以我们最后商定，还是再花上几天认真考虑下。我们相对无言，坐了好一会儿。然后她抬起头来问我："告诉我，到底是什么如此吸引你？是你希望葬在墓地，还是希望有个墓碑？"

这真是一个极好的问题啊！

我说，我也想思考一下这个问题，想清楚了再告诉她。同时，我也希望她能考虑一下我的这个想法，我确定自己不是突发奇想，我完全肯定这就是我想要的。

这时琳达的午餐已经凉了，我留下她独自享用，跃上楼梯，躲进书堆，继续钻研那些关于死亡和走向死亡的书籍。说实话，这几周来，我已经开始对探索死亡兴味索然，已经厌倦到极点了。没有人愿意死亡，对吧？这不难理解吧？每个人都会死。懂吗？我们为什么要搞得如此复杂？我想，又要说回弗洛伊德了。

在他职业生涯的早期（后来也温和了些）就大胆地提出，我们感到有一只骨瘦如柴的手掌有力地扼住了我们的脖颈，莎士比亚委婉地称之为"不合时宜的霜冻"，此时，我们为什么会直冒冷汗，这不是因为对死亡的恐惧。我们都没有经历过，如何会害怕呢？（不要着急回答。）我们真正害怕的事情有很多：害怕丧失性能力，自我和超我之间的争斗，等等。因此，我们总是以权威的旁观者的身份、置身事外的角度来看待我们的死亡。就像拉里·戴维出演的我最喜欢的剧情：我在自己的葬礼上，头脑一片空白，在一个价格虚高的箱子里安息，和我最爱的5号球杆一起躺在里面。或者看着周围的墓碑，上面刻着李·艾森伯格？还刻着卡里·纪伯伦《先知》（*The Prophet*）里的诗句："只有当你饮下寂静之河的水后，你才能真正地歌唱。"我就是这样。但你知道最糟的是什么吗？我还没提到超我呢。

弗洛伊德的理论有着明显的盲点——我们惧怕的不是死亡，而是在我们童年时期就埋在心底的东西——批评家们提出，弗洛伊德自己就很害怕走向死亡，因此通过自己的理论来规避它。弗洛伊德曾预言自己会英年早逝（但最终他活到了83岁）。我反复地思考这些和其他问题，花费了不少宝贵的夏日时光来研究，如果弗洛伊德尚在，他会对我现在的研究做出什么样的解读？我在沉思，他是否会赞同我的理念，也就是说在每个人身体里都有一个类似作家的人，而且他是永生的。我们都知道，弗洛伊德坚信叙事的说服力，无论怎样，他一直都是一个偏爱故事理论的人。

但他会设想一个小小的枪手，穿着牛仔衬衫和过时牛仔裤，肆无忌惮地查阅我们的记忆吗？弗洛伊德可能会将理论碾碎灌在法兰克福香肠里面。蹩脚的作者、文人，是我们潜意识的需要，性冲动主导着我们的人生。弗洛伊德可能会提出，我们的精神是"多层次的"，这无论在多么破旧的大学，连大二学生都知道吧。我们有前意识、潜意识和意识。弗洛伊德可能会不屑地说，如果要让这个楼上作者的理论变得合理，我们的大脑里可能还会需要第二个，甚至第三个作者。

坦白说，我觉得存在多个故事作者，倒是个有趣的可能。如果弗洛伊德还在世，我会立马给他发邮件告诉他，希望能和他共同研究"多个作者"的理论。我也认为可能会有两个或三个常驻作者，就好像写电视剧本的编剧团体一样。他们反戴着棒球帽，在房间里各抒己见，周围散落着比萨盒子、糖果包装纸和"胡椒博士"牌饮料瓶，闻起来就像在阿达马场的马厩一样。我立马就能想象这样的场景。大家能和平共处吗？不太可能。这些作家会难以避免地争论吗？当然会，文人相轻是臭名昭著的事实，即使是在他们都清醒的时候。看维达尔和卡波特、维达尔和巴克利、维达尔和谁都是这样。甚至可以看简·奥斯汀——她在给她侄女的信中写道："沃尔特·斯科特不应该写小说，尤其是那些好的——这不公平——他作为诗人已经有钱有势了，就不该从其他人手里抢饭碗了。"

如果弗洛伊德愿意屈尊研究"多个作者"理论，他应该会更宽容些（当然我质疑这一点），他可能会把这个理论发展得更好，说明俄狄浦斯本身就像"水门事件"中的水电工一样，是他闯进了这个编剧团的房间。毕竟，这些作家都未经遴选，也从没有走出过房间，从乱伦、阳具妒羡和压抑的性欲里，他们又能知道些什么呢？这些可能远远超出他们的认知。

　　说到这一点，我可不想尝试去跟弗洛伊德达成和解。我为什么会在意弗洛伊德会把我的故事作者理论发展成什么样？他的人生和作品都被透彻地梳理过了。持异议者曾经发问，这些关于潜意识的言论是反映"患者的潜意识的观念（还是）治疗师有意识的理论"，某个批评家这样攻讦道。弗洛伊德的主要见解都源自他对自己人生笃定的研究，他的人生有着无穷的吸引力。认知科学家斯蒂文·朋克和其他人都曾猜想过弗洛伊德年幼时对母亲的渴望，以及后来发展成分析"亲母亲、仇父亲"的心理如何塑造人的一生，这些都是因为他对自己的身份有着可笑的误解。我们知道，其实弗洛伊德记错了偷窥他母亲裸体的事实，而这一事件是他所有理论的原点。那时他不是两岁，而是四岁。当时弗洛伊德家里有个护士，在当时的奥匈帝国，中产家庭会选择漂亮的帮手是很常见的，他们希望儿子拥有一个异性关系的良好开端。如果说年幼的弗洛伊德觊觎的是这个护士，而不是他的母亲呢？在他的早期作品中，他一直将女仆、家庭女教师和家里其他用人与他父母的神经官能症联系起来。这些都是实情，因此他可不该把你我的母亲都牵连进这心理黑暗面的理论里。是的，母亲当然能、有时也会在儿童的人生篇章中投下内疚的阴影。我的母亲——她爱我，我也爱她——从来不允许我忘记自己既不是医生也不是律师的事实（此刻我正穿着内裤坐在电脑前打字）。是的，如何撰写我们的人生故事，当然是十分复杂的，但不是弗洛伊德想要说服我们的那样。传统的核心家庭的理念——母亲、父亲和一个孩子，围绕谁有阴茎衍生出来一些问题——已经无可救药地落伍了，现在的家庭里，孩子极有可能是第三方生育的，或者是由同性父母从小抚养长大的，现代家庭千奇百怪的情况还有很多。

弗洛伊德关于死亡的"扭曲公式"很牵强，现在可以扔进"历史的垃圾桶"里了，厄内斯特·贝克在《拒斥死亡》(*The Denial of Death*) 一书中写道。他的书在 1974 年获得了普利策奖，同年他因癌症去世，年仅 49 岁。他的作品极大地影响了很多社会科学家和精神治疗师，甚至还有一些意想不到的读者，比如比尔·克林顿，他将这本书和马可·奥勒留的《沉思录》(*Meditations*)，以及希拉里的历史哲学巨作《亲历历史》(*Living History*) 共同列为终身最爱的书籍。《拒斥死亡》这本书甚至还在电影《安妮·霍尔》(*Annie Hall*) 里面出现过。还记得在书店的场景吗？就在伍迪·艾伦和黛安·基顿开始约会以后。基顿在浏览一本关于猫的大型画册，而伍迪拿起一本《拒斥死亡》。基顿（瞥过眼去）说："嗯，你看的书很严肃啊。"伍迪说："我，我沉迷于死亡……对于我来说这是个很重要的主题。我的人生观很悲观。如果我们要交往的话，我希望你能了解这一点。"

我自己有一本贝克的平装签名本——书里画满了线，在空白处做满了笔记，已经面目全非了——我也不知道这书买了多少年了。本来我想补充说"买书的原因已经不记得了"，但我当然记得。我买它，是因为我当时在想：我的人生已经过去大半了，这本书也许会对我有些用处。即使在那时，我也是试图尽力消除对死亡的陌生感。

《拒斥死亡》陈述了我们死亡焦虑的原因，如果我们复杂的自我和快递司机私奔，我们会产生焦虑，而对死亡的焦虑要更加深刻。死亡"是人类最终的命运"，贝克宣称："想到死亡以及对它的恐惧，比任何事情都让我们人类魂不守舍；这是人类活动——主要是为了避免死亡的活动的主要源泉……"因此我们竭尽全力拒绝它。

山姆·金恩在这本书的序言里直言不讳，在贝克因癌症去世的前几天曾经去拜访过贝克。没有像在死亡咖啡馆那样絮絮叨叨地谈论蝴蝶和各教派之间的联姻。在病房里，他们"在死亡的面前谈论死亡"，之后，他们边用纸杯喝雪利酒，边轻声告别。用金恩的话说——别人很难超越他的语言，因此我也就不卖弄了——贝克是在千头万绪中编织了"死亡—拒斥"的论点。第一，尽管我们人的进化层次比较高，但和其他生物没有什么两样，我们就像是爬在人生挡风玻璃上的虫子，也像在沙漠里穿行的狐狸。我们像住在森林里的白鼬，也会在林间拉屎，尽管不是经常，但偶尔或必要时都会这样。当我们还是婴儿时，常驻作者也还没有出现，那几个恶臭的洞才是我们生存的根本。我们最先学到的就是释放难闻的物质，可不比那些野猪的排泄物好闻。我们作为人类的任务"变成了拒绝肛门代表的事物"。自然生物的价值是肉体上的，而人类的价值却是心灵上的，一种多维角度的冲突！

贝克的第二个论点是，没错，我们的确作为"生物"存在着，但这里有个注释的星号。在所有动物中，我们是唯一一有"自我"意识的物种。在那个破旧的乡村墓地里，墓碑上的字已经说明一切，自我会被驱使去建造坚固的捕鲸船，跳优雅的《葛培莉娅》（Coppélias），写有影响力的小说，培养有教养的孩子。我们想尽可能长久地表达自我，因此就招致了恐惧；我们害怕我们曾经建造的、舞动的、写就的或者任何其他被动带到世界上来的东西终将消逝。我们要驱散眼前这些可怕的场景。

第三个论点是，为了尽力驱散恐惧，我们是如何寻找各种方式证明自己到底有多重要的。尽管贝克不知道什么"楼上作者"的理论，但他还是提到了作家的困境，尤其是在中年时期："英雄事迹，对于我们来说似乎太宏大，或者说我们太渺小。"那我们如何说服自己我们是重要的呢？通过加入各种各样的"体系"吗？因为他们承诺让我们感觉自身比死亡本身更大、更强、更聪明——宗教就是这样一种终极体系。在死亡面前，我们能够吹嘘自己。我们告诉自己，上帝按他本人的形象创造了我们，我们已经探好通往永生的路。贝克说，英雄体系让我们"感觉到前所未有地有价值，在宇宙中的独一无二，对于创造有终极作用和无法动摇的意义"。

贝克的这第三个论点是说，我们对于英雄故事的追求是怎样诱导我们参与各种宗教混战的。各种体系之间相互竞争碰撞，最后产生了灾难性的后果。我的上帝比你的要更强大、更正直。

简而言之，这就是对于死亡的焦虑。我们必须说服自己，我们存在不仅仅是为了一辈子释放恶臭的物质，如果这样，就和不远处墓地里的死松鼠没什么两样。贝克说这些，是为了让我们承认这就是事情的全部真相，这也正是意义所在，而这代表着"令人崩溃的真相大白"。

我说话算话，花了好几天去思考琳达提出的问题：是因为我想葬在墓地，还是我想要墓碑，让我一想到将在古老的乡村墓地安息就如此激动不已？实际上，这么多年来，除了那一次在海滩边的红杉林里徒步，我就从来没有考虑过我是想要在匣子、骨灰瓮、雪茄盒还是玻璃瓶里画下句点。不过，我肯定不会接受人体冷冻法。那种操作很昂贵，而且效用值得怀疑，另外，我住在芝加哥，相信我，我知道冷是什么感觉。我也从来没有真正考虑过是否需要墓碑。如果我从以前就对死亡进行过深思，也想到过楼上作者的理论，那会怎样呢？我能说的就是，如果我是楼上的作者，肯定会希望自己按照故事的叙事发展，在某个地方结束。如果墓地挑选得合理，这会让整个故事更加连贯、完整。打个比方，如果你的人生充满了极端的冒险行为，那你的遗体不应该被精细地碾碎，与爆炸性粉末混合，装在天线壳里，然后发射到空中吗？这样你的骨灰会像一朵巨大的菊花，在芝加哥的军人球场上空爆炸。这不比从美国家居用品店买个便宜的罐子，把骨灰放在里面，然后放在你三表弟那漆黑的公寓里发霉更合适吗？事实上，有些人能把他们最终的安息之地和生命中重要的东西很好地联系起来。我想起一位萨克斯演奏家，他花费 2.5 万美元买下一块墓地，位于纽约皇后区布朗克斯公墓 10836 号。这样一来，他死后距离他的偶像艾灵顿公爵[1]就只有45米远。迈尔斯·戴维斯爵士[2]（根据他墓碑上的"皇家排序"）和伊利诺斯·贾奎特[3]也相隔不远。

所以，是的，我倾向于认为我们最终的栖息地应该对于我们有意义，这也是我和琳达最后坐下来商量墓地的问题时说的话。我列举了很多我喜欢这个地方的原因。这里宁静祥和，历史悠久，安葬在这里的人口十分多元化——基督教徒和犹太人，同性恋和异性恋，船长和芭蕾舞女演员，战争英雄和制造业大亨，正直的无产阶级和几个社会名流，他们如果去依莲餐馆（创始人依莲已经去世，愿她安息），肯定能得到好的座位。

我告诉琳达，这个墓地比我父母现在安葬的地方要吸引人得多：那是个辽阔而没有生气的"纪念墓园"，在费城东北部的郊区，旁边就是汽车呼啸的州际公路。我记得——在我十岁左右——我的父母在那里买下四块墓地：给他们自己、我姐芭芭拉和我。我想他们肯定买得很划算，因为这些墓地建在墓园新开垦的、完全荒芜的地方。某个周日，我开着我们的绿色别克 Roadmaster，车身有两种绿色，深浅不一，我们开车去看了一眼。兰霍恩高速公路现在也已经破旧不堪了，离得很近的地方，有一段柏油路臭名昭著，赛车手们将其称为"恶心的洼地"。美国印第车赛冠军鲍比·恩赛尔称之为"史上最危险、最变化莫测和最具杀伤力的赛道"。

---

1 艾灵顿公爵（1899—1974），全名爱德华·肯尼迪·艾灵顿，美国黑人爵士乐歌手，被誉为美国最伟大的作曲家。他深入研究大量的黑人音乐，同时还让爵士乐从低俗的酒吧走向高雅的艺术殿堂。

2 迈尔斯·戴维斯爵士（1926—1991），美国黑人爵士乐小号手、乐队领队、作曲家。

3 伊利诺斯·贾奎特（1919—2004），美国著名黑人爵士乐手，高音萨克斯演奏家。

把我葬在"恶心的洼地"？就算对十岁小孩来说，也不是什么令人向往的未来。我还记得那天多么阴冷刺骨，但我也记得，想到从此以后，不管发生什么我们都将在一起，是有多么美好，在这样的光辉下又让人觉得温暖了。但这是不可能的。很快，我和我姐姐都有了各自的家庭，为我们预留的墓地也转卖出去了。我母亲念叨了几十年，有一天她终将和我的父亲团聚，不是在天堂，而是在纪念墓地肩并着肩，与其他墓地一样，这里会随着岁月的流逝被慢慢填满。如果说我的母亲有什么人生目标，那就是来这里陪着我的父亲，与她为他创作的故事再度重逢。最后，她终于得偿所愿。2007年12月底，又一个寒冷的冬日，我站在这里瑟瑟发抖，我想，她虽然寿命很长，但享受过的爱情太短暂了。

科马克·麦卡锡在电影《骏马》（*All the Pretty Horses*）中说道："他们在墓地上方撑起了雨棚，但风雨都是斜斜地刮来，雨棚丝毫不起作用。"

罗伯特·潘·沃伦在《归宿》（*A Place to Come To*）将近结尾处写了一段美妙的文字："只要你有父母健在，你就是一个孩子；神奇的是，孩子总是被保护得好好的，因为父母是为你遮挡命运之雨的雨伞。但是雨伞一旦收拢并被放在旁边，一切就不同了，你必须再度更加警惕地观望天气，当风向有变，你的骨头会疼，所有的快乐都会带有讽刺的色彩（即使是因为对孩子的爱而产生的快乐，因为你感觉只要愿意，你自己就是雨伞或者避雷针，你也知道这些保护其实很脆弱）。不仅如此，因为父母的过世，你开始发现'讲过的故事'对于每个逝去的人都很重要……你开始感到那些转瞬即逝的冲动，想要用语言对自己或某些熟人的人生进行总结。"

19 到底有没有合适的时间？

与大多数作家的日常生活一样，你的故事作者一天也充满着压力。他时时刻刻害怕犯错，比如将记忆错误地扭曲、遗漏或者曲解某段特别重要的记忆。想象一下，经年累月地忍受你的青春期情绪波动、人到中年的困境，然后是对生命走到尽头的焦虑，甚至还要全程保持相当的乐观。深受其扰的故事作者，想为你写一篇结尾充满意义的故事，但并不知道她可以用多少页数来完成这项工作。直到有一天，穿着斗篷的陌生人，手握着长柄镰刀（参考"巨蟒小组"的电影《人生七部曲》）的幽灵，来砸你故事作者的门，咆哮着说："时间到了，交给我吧！""但我还没写完呢！"作者反驳道，"故事的主角还没确定！配角也将被弃之不顾！他们都想先有个结局！若在这里结束，每个章节都会是七零八落的！"

确实如此。若剩下的页数太少，就为常驻作者造成了困境，但如果剩下太多，也同样有问题。但由于新型药物和手术的出现，人生故事可以比之前更长了。好事还是坏事呢？好事！大量的篇幅可能是种福利——可以有更多的篇幅来描绘，来感受自然、享受天伦、繁衍后代，寻求象征性的不朽。但这也是件坏事！更多的篇幅可能意味着无所事事的日子更多，或者不愉快的事发生的日子更多。真正的作家会告诉你，越想填补更多的篇幅，越可能混进毫无意义的空话，混进自我放纵的绕圈子和走投无路的死胡同。在冗长而乏善可陈的故事里，主角可能变得不受欢迎。有大把空余时间的角色会变得乏味和自怨自艾。虽然朋友和家人可以对主角的抱怨充耳不闻，脑海里楼上的故事作者却必须坚持听完这些牢骚，因为根本无处可逃。

作家、艺术家、作曲家，这些人都在两难中挣扎：你是如何决定某件事情完成了？觉得它已经够好了？作家可能永远都要对故事修修补补，有时候会改得更好，但往往改得更糟。什么时候人生故事才算写得圆满，可以结尾了？死亡到底有没有一个合适的时机？

某天晚上，当我在那个墓地散步的时候——那天特别漫长，我花了一整天试图理解马丁·海德格尔的某句话，但我失败了——我回忆起几年前某个三月的凉爽下午。那天午后，我与《时尚先生》的前同事一起，在曼哈顿参加了一场追悼会，来纪念理查德·本·克莱默的生平和作品，他是一位极其有才华的老烟枪记者，去世的时候63岁，死于肺癌并发症。他体格高大，曾因驻中东地区的报道，以及后来写作的堪称50年来最优秀的体育新闻——关于泰德·威廉姆斯的纪念文章，而获得普利策奖。他曾写过一本1072页的书，《成功的必要条件》（*What It Takes*），记述了1988年总统大选过程，老布什打败了迈克尔·杜卡基斯。克莱默花了很大精力记录了巨细靡遗的竞选细节，直接导致这本书在竞选结果公布五年后才能发表，而那场竞争的开头本就乏善可陈。乔·拜登在那场竞选中认识了克莱默，并来到纽约在他的追悼会上发言。

"真的很伟大，"这位美国副总统说道，"有幸读到一本关于自己的书，在书里发现如此尖锐而有洞察力的观察和批判，以至于对自己产生了全新的、有意义的了解。"换言之，克莱默的看法影响了拜登对自己人生故事的"解读"。对拜登来说，这是很有意义的经历。对克莱默来说这也是很有意义的成就。

追悼会上，我们谈论了克莱默是多么超乎常人地怪异和技艺精湛。大家无不扼腕叹息，感叹他的过早离世。据大多数人的标准来看，他确实英年早逝。罗伯特·诺齐克，那位发表"介于某事和某事之间"理论的哈佛大学哲学家认为："死亡发生时，当某人的生命可能还有很多地方没有充实，这样的死亡被称为'早逝'。"

但我们怎么能确认克莱默过早地离开了我们呢？他一生都在抽没有滤嘴的香烟，反正这早晚会让他尝到恶果；他很有可能比现在承受更久更痛苦的折磨。如果他长寿，推想到他脾气暴躁，倒也不失公允。即便是在最好的状态下，克莱默也可能非常暴躁。试想，他在当今备受诟病的报业和书业工作的情境。也很难想象克莱默如何超越自己已经达成的伟大成就。他可是曾引起乔·拜登深刻思索自己生命意义的人呢。考虑到他的写作速度和对作品的投入程度，克莱默再写出一本书估计都要八十几了，假设这本书最后真能完成的话。所以，他真的是过早地离开我们了吗？"重要的不是生命的长度，而是其深度"，拉尔夫·瓦尔多·爱默生如是说。劳丽·安德森[1]在某张专辑里写道，我们可以用长度和宽度来考量生命。克莱默在世间的生命有着辉煌的宽度。所以，考虑下爱默生和安德森的话，克莱默真的早逝了吗？然而，这并不是适合在追悼会后的酒席上辩论的话题。我们当下达成共识，认为克莱默曾经深受钦佩，并将被深切怀念，而即便他能活到95岁，情况也不会有丝毫改变。

当得知楼上的故事作者像为理查德·本·克莱默一样为某个人写下了人生最后一笔时，我们会条件反射般地问到两件事："怎么去世的"以及"去世时多大年纪"，然后我们会默默地进行一个包含三个步骤的活动。我们很快察看一下逝者的精神和身体情况，评估逝者的成就或者欠缺，考虑下他/她的后代的前景。然后我们会达成某个结论。我们会总结道：这个生命故事是艰难的、悲剧的、喜悦的、无聊的、令人兴奋的、幸福的、悲伤的、荒废的或者独一无二的等等，然后我们得出结论，称他们的死亡来得"太早"，"太晚"，或者差不多"时间正好"。

我再问一次，到底什么是合适的时间？

对某些人来说，现在就是最合适的时间。他们将门大敞着，邀请死神进门。为什么要等呢？阿尔贝·加缪并不是宣扬让我们自杀，虽然他说过自杀是最根本的哲学话题。他说的是，若你觉得生命荒诞，那么自杀是一个完美的理智选择。有些人在做此决定时冷静得异乎寻常。柯达公司的创始人乔治·伊士曼留下了一

1　劳丽·安德森（1947—），美国女歌手、前卫艺术家，以装置艺术等特殊的舞台表演形式著称。

张非常清楚的笔记:"我的工作都完成了,还等什么呢?"

陀思妥耶夫斯基《地下室手记》(*Notes from Underground*)这本书中的叙述者断言,40岁是最精确合适的死亡时间。他说,活过了40岁,就是不礼貌或者庸俗的。很显然,这个角色情绪并不高涨。他苦闷、爱挑衅、令人难以忍受。巧了,他正好40岁。

再跳到埃泽基尔·伊曼纽尔,一位伦理学家兼法学教授,芝加哥市长(拉姆)和顶尖好莱坞经纪人(阿里)的哥哥,他曾因为2014年在《大西洋》(*Atlantic*)杂志上发表的题为"为什么我希望在75岁死去"的文章引起一些反响。伊曼纽尔的理由如下:虽然他现在57岁,但依然精神矍铄。他推断自己75岁的时候身体机能将会退化,"创新"能力将显著降低,自己对亲人而言将成为精神和经济上的负担。所以他决心在那个年纪死去,也算是帮了大家一个忙。尼采笔下的查拉图斯特拉曾警示道,合适的死亡时间,是当你打理好自己重要的事务,可以"了无牵挂地死去"的时候。什么才算是重要的呢?在战斗中勇敢的表现,查拉图斯特拉如是说——这意味着我们大多数人需要自行定义哪些事是足够重要的。

在文章结尾,伊曼纽尔却出尔反尔:"我的女儿们和亲爱的朋友们会继续试图说服我,说我错了,我可以活得更久并仍有价值。我保留改变主意的权利,并为努力活得长久进行有理有力的辩护。"

这里的中心思想是,并没有一个神奇的数字告诉你人生应该有多少年,就像并没有一个神奇数字来规定一个故事的页码。有的生命很简短——这些是短篇;有的长一些——这些是小说。(有的可能太长了，就像威廉·伏尔曼和唐娜·塔特的书。）相比于短暂，我们更倾向于重视长久的生命，这是可以理解的。"长篇的书……通常被过度褒奖了，因为读者希望说服其他人和自己，读书的时间不是被白白浪费掉的。"E. M. 福斯特如是说。

但重要的不是人生有多长，而是你拿它做了什么。就像唐·德里罗在他很少参与的访问里说道："我认为每本书都会创造自身的结构和长度。"重要的是，一个故事，或长或短，包括或长或短的生命故事，最后都会有个清楚的了断：故事传达出它的意义了吗？故事令人满意吗？

我们不愿直视死亡，不愿谈论合适的死亡时间，但若我们聆听了伊壁鸠鲁的话，这些都是没必要的。他的论点令人宽慰，简明扼要到可以用一张便笺记下来："当死亡出现，我们不再存在。"翻译：当你死了的时候就死了，不用因此睡不着觉。伊壁鸠鲁认为生命的目的在于享乐。我们死后不会感受到任何快乐，但也不会受苦。这个推理是不证自明的，所以我们很难搞清楚为什么对死亡的恐惧仍然在人类共有的焦虑中名列前茅，与飞翔、公开演讲、高处、蜘蛛、亲密关系一样令人害怕。若聆听了伊壁鸠鲁的话，我们不会再绝望于卢克莱修很久以前写下的"我们亲爱的孩子再也不会争抢我们亲吻作为奖励，用难以名状的快乐打动我们的心房"。若聆听了伊壁鸠鲁的话，宗教，假如那时我们还需要宗教，会跟我们现在信仰的大有不同。对来生的允诺——不管是远古的信仰还是新创的宗教，这都是吸引信徒的、允诺成功的工具——将变得无关紧要。若我们聆听了伊壁鸠鲁的话，早期的基督教会，如果还存在的话，绝不会提出这样的观点，认为世间的财富应该被放下，用以减轻对未来的焦虑。历史学家鲍尔索克认为这"可称为西方世界任何机构中最成功的开发活动"。若聆听了伊壁鸠鲁的话，关于复活，我们不会再如此迷糊。与之相关的问题也不再那么紧迫：我们与尘世说再见，然后再回到世间的时间表是怎样的？第二次人生还会有个楼上的故事作者吗？如果有，跟之前的是同一个吗？我们的记忆会怎样？我们会有同样的记忆吗？还是说我们的故事作者，不管是跟原来同一个人还是她的继任者，会收集整理全新的记忆来写作《不朽的自我：生命与时代》第二部吗？

若我们聆听了伊壁鸠鲁的话，一切都会变得不同。在《不朽：探索永生及其对人类文明的影响》(*The Quest to Live Forever and How It Drives Civilization*)一书中，哲学家斯蒂芬·卡夫认为，我们对永生的追求是"人类成就的基石，哲学发展的灵感，都市的建造师和艺术背后的冲动"。他概括了四个最重要的、最古老的永生故事。古埃及人令人瞩目，因为他们将四个故事串联成了"一条诱人的线索"。

1. "活着"的故事。想象一下庞塞·德莱昂，而不是比吉斯乐队。这个故事是讲怎样不会变老，保持年轻。我们都去跑步保持青春健康的光环，保持健美、得体。我们拖着自己的身体去瑞士的养老院打羊胎素。我们在来爱德药店卖维生素和化妆品的柜台前停留。在眼睛下方涂抹抗衰老修复霜不能让我们不朽，但它给予我们希望，让我们继续活下去，直到有一天科学带来最后的救赎。目前我们已通过科学成功实现了转基因作物。克雷格·文特尔，首个实现人类基因排序的科学家之一，正在研究通过基因技术延长人类寿命。

2. "复活"的故事。卡夫称此为人类"最佳备用计划"。大都会馆藏的木乃伊现在已经是旧闻了。卡夫说，最新消息是计算机式复活。以计算机方式复活，即将脑中现存的神经元集合和相关的分子进行电子扫描、刻盘或者拷贝，或通过其他尚未公布的电子媒介储存，然后上传到真实的身体里或机器人身体里，借此永存不朽。

3. "灵魂"的故事。卡夫引用的数据表明：七成的美国人相信自己拥有叫作灵魂的东西，而在非洲几乎每个人都认为自己有灵魂，全世界几十亿的人口都确认自己是有灵魂的。不久前，教宗方济各发表的评论激起了一轮热烈的讨论，讨论他是否在间接表示甚至狗也是有灵魂的。这个新闻故事激起了了成千上万的读者评论，包括有几条评论在讨论蚊子会不会进天堂。同一天，在印度的某处修行所发生了冲突，对峙双方为当地政府军队与"冰冻天父"的追随者。"冰冻天父"是一位宗教领袖，心脏病发作去世后在冰上保存了近12个月。一位追随者说："他的灵魂十分干净。他现在入定了，但是他会醒过来的。"

4. "遗产"的故事。简单来讲，就是将个人通过某种方式延续到未来。这个故事的代表人物是阿喀琉斯，他不愿务实地接受乏味的退役，而是选择了更有价值的奖赏：永恒的荣耀，万古流芳。哲学家布莱士·帕斯卡曾说："没有人死得如此潦倒，以至于任何东西都没留下。"我们可以加一句说，也没有

人死亡的时候十分富有，却不把自己的名字（或父母的名字）刻在纽约大学的某栋建筑上。我现在就坐在纽约大学的某栋楼里。

那很难吧，承认人死后任何什么东西都没了。承认我们在地球上的短暂生命，正如艾伦·瓦茨在《不安全感的智慧》(*The Wisdom of Insecurity*)里提到的，是一个与另一个永恒的黑暗之间一瞬的光亮。当我们的生命故事匆匆结束后，安息号吹响，风笛演奏，丰腴的妇人唱起歌，幕布落下，屏幕暗淡，除了记忆中Facebook上指定的"遗产联络人"外，再也不会发生其他任何事情，当然，假设她不会把我们的Facebook账号直接删掉？博尔赫斯曾说过，人类是地球上唯一知晓自己并非永生不死的物种，这令我们痛苦。其他物种——不管是哺乳动物、爬行动物、鱼类还是软体动物——都不知道它们是会死的。很不公平是吗？所以，我们不想被雪貂或水母从智商上超越，而试图说服自己可能会一直活下去。这种可能性是我们的救生筏。我亲爱的琳达紧握着这种可能性不放。文艺复兴时期的医生／学者／修道士及下流故事作者弗朗索瓦·拉伯雷也曾紧握这种可能性不放。他很著名的一点是，临终之际，躺卧在床上宣布："我去寻求伟大的可能了。"

但是，若我们聆听了伊壁鸠鲁的话呢？一则，我们会不在意活多久。我们没什么要烦忧的，死亡为什么还需要等待？放马过来吧。何必要有所成就？这个难题促使一位名叫斯蒂文·卢坡尔的哲学家提出了"新伊壁鸠鲁主义"的观点：制定在有生之年能达成的有意义的、短期的目标。

但由于我们都没有听伊壁鸠鲁的话，所以听了之后会发生什么则都属于学术探讨了。我们现在跟过去一样恐惧死亡。有人说这实际上是件好事，死亡让我们更加感激生命。知晓生命总会终结这件事，为诗人和哲学家带来了收益。艾米莉·迪金森写道："因为不会重来，生命才如此甜美。"死亡给了我们与其他人衡量的标准。我的朋友贝姬·奥克伦特让我想起朱诺特·迪亚斯的小说《奥斯卡·沃奥短暂而传奇的一生》（*The Brief Wondrous Life of Oscar Wao*）中的一句话："伙计，你还不想死。记住我说的，没有女人很糟。但是死亡要比没有女人糟糕十倍。"

20　被雕刻的与被铭记的

　　琳达关于标志牌的话是完全正确的。我最终决定最后再去一次那座古老的乡村墓地。由于我在墓地花费的那些时间，死后留下一些可触摸的、在世间存在过的证据这个想法逐渐增强。一块朴素的石碑，在一个简短的告别仪式上揭开。你可以说我愚笨，但我从未想过为自己的悼念仪式写个流程介绍，就像诺拉·艾芙琳在 2012 年去世前做的那样。在《时尚先生》与诺拉共事多年，我期待她在林肯中心的追悼会是充满品味、妙趣横生而又感人的。由于诺拉向来注重细节，这些期待最终实现了，甚至超出预期。现场播放的音乐列表无懈可击（埃拉·菲茨杰拉德、路易斯·阿姆斯特朗、杰米·杜兰特的《时光飞逝》）。诺拉亲自试镜挑选了为她念悼词的人。梅丽尔·斯特里普大胆模仿了诺拉讲话时手舞足蹈的样子，棒极了。汤姆·汉克斯和丽塔·威尔逊再现了诺拉和丈夫尼克·皮莱吉在东汉普顿的烧烤聚会上多管闲事的样子。

"我认为当人们去世后，他们会进入最爱他们的人的身体里。"第一个出来讲话的马丁·萧特说。"所以，如此一来，"他继续讲，"我们这里的每个人身上都有诺拉的一部分。若她成为我们的一部分，我们必将更像她：博览群书，品味万物，与自己身边的人聊天，像拥抱毒品一样拥抱欢笑，畅饮更多的玫瑰香槟，还有就是，提升自己的格调。"

个人而言，我总觉得这稍微有些虚荣了，让《天南》(*Chutzpah*)杂志的人拿支笔坐下，在一切为时已晚之前勾画自己的墓志铭，然后把文案放进信封里密封，再放到书桌抽屉里，明确要求将原字原句雕刻到花岗岩上，永远以正视听。这是件有风险的事，因为你将永久地与那些话绑在一起。《麦田里的守望者》中的霍尔顿·考菲尔德说："如果我死去……会有一块墓碑那种东西的话，上面会刻'霍尔顿·考菲尔德'，然后是我哪一年出生，哪一年去世，然后紧接着，下面会刻着'去你的'。"（告诉我，若作为他活着的亲属，你会有什么感受？）

如果决定要刻字的话，你得把这事儿准备好。规则一：至少等你成年后，对自己是谁有一个模糊的看法。规则二：即使在这时也不要仓促而行。就像雕刻大师都是多次测量，但只能雕刻一次一样，在决定自己的墓碑内容时，你需要格外小心。约翰·厄普代克曾说他会选择这样写："在这里躺着的是一个小镇男孩，他努力最大限度地利用自己所拥有的条件，以勤奋弥补了才华的不足。"幸运的是，厄普代克并未照此执行，而最终采用了更加俏皮的话，这要归功于他孩子的好点子。厄普代克的黑色板岩墓碑背后刻着他提交给《纽约客》的第一篇作品，16岁时写的一首诗（当时被拒绝发表）。

有的人确实做得很好。编剧兼导演比利·怀尔德度过了坚强不屈的一生。在他二三十岁的时候为逃避纳粹集中营来到好莱坞的时候，几乎不会说英语，账户里只有 11 美元。怀尔德坚强地活下来，为美国经典电影留下了宝贵的财富（包括《热情如火》和《日落大道》）。怀尔德葬在洛杉矶西边的某个公墓里，那里埋葬着很多影星，杜鲁门·卡波特的一部分骨灰也埋在这里，这位矮小的"恐怖分子"剩余的骨灰被撒在了长岛的某个池塘里。

比利·怀尔德
我是一名作者，但人无完人

（当然，"人无完人"这句话与《热情如火》里那不朽的最后一句台词应和。）

罗伯特·弗罗斯特是个冷峻的、四处流浪的人，在他长长的人生中，从一间农舍搬到另一间农舍，寻找让自己真正安定的地方。在他的妻子埃莉诺去世后，弗罗斯特回到新罕布什尔州的德里，来选择一处埋葬地。几十年前，这对夫妇曾在这个镇上的一个农场生活，那时埃莉诺总是说想葬在这里。然后，多少年过去了，物是人非（弗罗斯特在后来的一首诗中是这样描述这里的："在一个如今已不再是农场的农场上 / 有一幢如今已不再是房子的房子"）。他将埃莉诺的骨灰在柜橱架子上存放了好几年，最终决定在佛蒙特州本宁顿镇选定一个乡间墓地。当地人说，他之所以选择那里，是因为那里的山景和俯瞰墓地的白色教堂。二十年后，他也躺在那里，他的墓志铭是几十年前写的一首关于死亡的诗的最后一句：

罗伯特·弗罗斯特

1874.3.26—1963.1.29

我与世界有过恋人般的争吵

在我为写作本书而收集的所有临终遗言中，没有一篇在勇气和文才上能够超越爱尔兰诗人谢默斯·希尼在 2013 年去世前不久发给妻子玛丽的两个字。这两个字没有雕刻在金属或者石头上，而是通过短信传送的。这两个字是拉丁语的"别怕"（Nolle Timere）。这比考菲尔德的"去你的"不知道好了多少。

我一边在墓地散步一边想着，要想出一句恰当的遗言太重要了，不能一时兴起或者靠哪天突然的坏情绪。因此我告诉琳达，我想让她为我写墓志铭，我也为她写——这样我们不至于太过火。然后我们总是推迟去下重大决定的日期。我们的下葬计划仍在深思熟虑中。直到回家前我每天都去墓地探访。然而我在注意看合适的地皮，足够两个人用，有合适的排水系统、适宜的阳光和树荫，就像在为建立梦想家园选址一样。

回到芝加哥以后，我有点儿不舒服，因为不能再在田园牧歌式的墓地里蹦蹦跳跳了。我根据当时的情况做了所能做的。我开始在附近的林肯公园长时间徘徊，那里有动物园、植物温室、操场等常见的休闲设施。我突发奇想，我之所以去那里，是被内心某种难以名状的诉求所吸引，想跟长岛的那些乡村亡魂的城市远亲们进行交流。距离林肯公园不远处，曾经是芝加哥的市政公墓（能容纳 1.5 万人），其中一大片地方是为穷人准备的。4000 名邦联士兵的遗骨也长眠于此，他们在戴维斯集中营作为内战中的俘虏死去，就在这里以南几公里的地方。市政墓地旁边曾经是天主教徒和犹太教徒专属的墓地，犹太教原有的那块地方现在被一个棒球场所替代。盗墓是很严重的恶行，人们雇了私家侦探作为警卫来保护所有亡者。某些寻求尸体的医学生，不顾莎士比亚"移我尸骨者要被诅咒"的警告犯下盗窃之行。已经成为过去式的市政公墓，绝对不是那种田园牧歌式的乡村墓地，这里弥漫着恶臭。1867 年报纸上报道了附近的酿酒厂的废水渗入地下，导致墓地发出"腐烂的令人厌恶的气味"。两名新下葬的儿童不得不被重新挖出来。感谢上帝，他们的蓓蕾已经在天堂开花。

之后在 1871 年，一场大火席卷了墓地，许多墓碑上全是废弃物，这导致成千上万从未被侵扰过的遗体被迫大规模迁移。现在，偶尔需要修新路或者维修地下设施时，常会发现一两片遗落的犹太人、天主教徒或穷人的遗骨，他们在被重新安置到芝加哥某地之前，出来静静地看了一圈。

没有墓碑来供我们沉思，脑海里的故事作者和我只好阅读公园里长椅上镶嵌的众多铭牌。实际上，还在长岛的时候，我俩就开始记录这些东西了，用来逐渐打磨自己的审美偏好。我们觉得有些铭牌上可以再多些东西：

与孩子和小狗相处融洽

其他一些我们喜欢的，不知道是应该质疑他们的文笔还是该坦然接受：

> **丈夫、父亲**
>
> **爱狗之人**
>
> **空中交通指挥员**
>
> **铁人三项运动员**
>
> **来吧，坐到我身边来**

有些是我们看一眼就觉得不喜欢的，比如在墓地不远处遇到的："纪念____"就印在木桩上部的路标上，这行字上面还有另一个标识："请选一条路。保持小镇清洁。"

说真的，如果你真的很爱某个人，而他现在已不在人世，请尽量忍住不要通过一块生锈的金属牌来怀念他。选一条公园的长椅就可以了，或者一棵树的根部。然而，请记住，没有什么是永恒的。长椅会腐烂，树木会被暴风雨、昆虫和病害摧残。甚至花岗岩也可能会被回收。2013 年，某个破产的大教堂的信仰之路上竖起来的近 2000 块刻好的墓碑被原地拔起，因为这块地被罗马天主教区接管了，随即进行了一次大改造。

理想情况下，我认为纪念碑或者墓碑应该被树立在一个逝者生命中有意义的地方。比如这人曾在这里遛狗，在这里与孩子相处，或者在这里读了本好书、看潮起潮落，又或者在此坠入爱河。

至于效果，我希望能让纪念仪式简短、优雅、真诚，绝不能多愁善感。要选择一种传统的、有品位的字体，尽量避免使用缩写。像《纽约客》的校对一样以毫不留情的眼光检查拼写和标点，文字越简洁越好。在佛罗里达州那不勒斯附近的海边，我曾看过一个很好的范例，那段悼文很简洁地指出了逝者与所属地方的纽带关系：

威廉·诺斯

1927.9.6—2011.10.13

"画家的天堂"

有时也会碰到让人头疼的例子。某个下午，在纽约的华盛顿广场公园，我一屁股坐在长椅上，发现椅背上一块用螺丝固定的黄铜铭牌。铭牌上没有刻日期，但是铜面整洁发亮，所以应该挂在那里没几年。大概有人定期地来做抛光保养，对于逝者来说这是很暖心、很用心的举动。铭牌用四根螺丝固定，不是那种开槽螺母的螺丝，也不是飞利浦的。上螺丝需要某种特殊的两叉形工具，这也是种安全措施。怎么会有人来偷一块纪念铭牌——典型的盗墓行为——真是个谜。曼哈顿的粗人要把一块纪念铭牌偷去钉在哪里呢？难道会是某个熔炼工干的？即使是纽约的熔炼工，会自贬身价地干这种事吗？

这块铭牌上有三行字，设计还不赖。最上面一排用最大的字体刻着的，是其家人、朋友或邻居想在市中心公园背阴角落的长椅上来纪念的这位女主人的名字。在名字下面用略小的字体刻着：

"帮助别人是她最快乐的时刻。"在更下面，用中等字体刻着："对上帝来说，岩石是通向另一个世界的巨大坚硬的门。"这句话我不熟，找不到其出处。这句话缺少了人们通常期望在纪念铭牌上读到的、挽歌式的高雅——比如精心挑选的莎士比亚或华兹华斯的十四行诗的片段，抑或惠特曼或弗罗斯特的诗，或者梭罗或爱默生的散文，又或者艾伦·瓦茨引导冥想的磁带里挑选出来的让人心平气和的观点。这句话看起来像是自己创作的。我感到好奇，就用手机谷歌搜索了这个句子，答案立刻就蹦了出来："对上帝来说，岩石是通向另一个世界的巨大坚硬的门"是理查德·巴赫《海鸥乔纳森》（*Jonathan Livingston Seagull*）里的一句话。记得那本书吗？20世纪70年代早期出版的最畅销的寓言故事，后来被改编成一部非常糟糕的电影。（罗杰·埃伯特评价说："这一定是本年度最虚伪的文化剽窃、最假冒形而上学的东西。"他在影片开始45分钟后离开了电影院。）

我搜索了这本书的封面，上面写着："这是一本为遵循内心、自己制定规则的人而写的故事……为那些仅仅因为把事情做好就感到特别愉悦的人，即使这事也只是为他们自己……为那些相信生命不仅是呈现在眼前的人们：他们会和海鸥乔纳森一起，越飞越快，超乎自己的想象。"

就这样，对这位女性而言，生命的内涵、人生的意义呈现在这里，无论如何是认识她的人给她的判词。她遵从了自己的内心，从把事情做好中获得格外的愉悦，相信超越眼前的这些东西。这就是她的故事。或者她可能曾经试图成为那种人，但并未完全做到。无论如何，这个故事会在认识她的人们的记忆中流传下去。而且，这些人将会把故事铭刻在铜牌钉在公园长椅上，让数不清的其他人，比如那天的我与我脑海里的作者以及现在的你，也能一起了解这个故事。

21   惊世发现

　　某天早上，天气很糟，我没法去搜寻纪念铭牌了，也不适合做其他户外活动，于是我走到离公寓几个街区的纽贝瑞图书馆。纽贝瑞是一个巨大的文艺复兴时期的建筑，1887 年开放。它是由一位沉默寡言的铁路大亨兼银行家沃尔特·纽贝瑞捐赠的，他在1868 年去欧洲旅行时去世于海上。《纽约时报》一则有趣的报道称，同船的乘客认出了纽贝瑞，说服船长不要随意把他的尸体处理掉。据报道，这人跟船长保证说，逝者的家属会不惜一切代价把他们大家长的遗体安全运回美国。船长同意了这个请求，命令把尸体放在贮藏朗姆酒的桶里运到纽约。然后，被酒浸泡过的纽贝瑞尸体通过货运火车运到了芝加哥，在那里，根据《泰晤士报》报道，木桶被埋葬在了北部的某个公墓里。这或许是个很精彩的故事，但并不完全是真的。纽贝瑞的尸体仅仅是暂时存放在桶里，之后被做了防腐处理，并按照传统安放在棺材里下葬。顺便说一下，他的墓前有一个很花哨的方尖碑作为标志，那是一座很高大的碑——我知道它的模样，是因为某个周日下午我带琳达去那里做了一次朝圣之旅。在 19 世纪中期，那是在上流社会里大受欢迎的一种设计。他的碑文刻着"期待着神圣的不朽"。

我非常希望沃尔特·纽贝瑞找到了他神圣的不朽，因为此刻我觉得自己正受惠于他。本书的很大一部分是在纽贝瑞图书馆写成的。不仅是因为那个跟朗姆酒有关的都市传说很病态地符合我这个项目，而且是因为这座图书馆几乎长年是空的——一个干净、明亮、洞窟式的地方，一个用来思考和写作的完美场所。那天，我在三楼常坐的地点安顿下来，把我的索引卡拿出来铺开，开始在电脑上用功。另一个总是出现的事物，也已经在平时的地点就位了——一位头发灰白的老先生，他也在很勤奋地用功，身边都是些看起来很冷门的书，有的有插图，有几本是拉丁语的。我们从未交谈过，隔着些距离我也看不清他在做什么。我猜那可能是一本古罗马艺术方面的专著。总之，是很深奥的东西。他那僧侣般的神态——面无表情，十分专注于工作——有种学者的使命感。

使命感，不管是学术的、神职的、爱国的、关于创造力的或危险的——波尔布特[1]也认为自己具有种使命感——特指感受到某种使命选择了你，而不是你选择了它。使命感在神话中处于核心地位。约瑟夫·坎贝尔会解释传统的使命感是如何起作用，并让人当作自己的使命。英雄会踏上梦幻般的冒险，这是无法抗拒的。如果抗拒这种使命的召唤，你就会陷于单调无力的生活——就像

---

1 波尔布特（Pol Pot，原名 Saloth Sar，1925—1998），20 世纪 70 年代曾任民主柬埔寨总理。

可能会降临在我身上的，假如我当时没有出于对生活的恐慌而参加《时尚先生》的比赛。因此接受召唤吧！不管以何种方式，开启一段旅程，带你深入丛林或攀登峰顶或放逐孤岛，或者就此时而言，隐居在图书馆里写一本关于古代艺术的书。

根据境遇不同，通常会有非人类的东西在准备着折磨、取悦或启发这些被召唤的人，虽然我在纽贝瑞图书馆从未遇到过（换句话说，我从来没有上到三楼以上的地方）。但这种使命感不一定是超脱尘俗的。对教堂、社会项目、道德事业、社区、学校或全世界的强烈的承诺，都有机会带来某种使命感，无论是你一直在做的事还是周末才做的。维克多·弗兰克讲过很多关于这种使命感是如何宝贵的话。这种使命感可以填补人生的空缺。使命感"使人们的人生充满意义感、责任感和尊严"，心理学家保罗·黄如是说。

尽管使命的召唤深深地令人满足，这种召唤却不总是有趣的。圣女贞德、内森·黑尔[1]、阿梅莉亚·埃尔哈特[2]都是因为遵从自己的使命感去世的。纳尔逊·曼德拉在被使命召唤解放一个国家之前，在监狱里度过了 27 年。这种使命召唤也可能对那些依靠被召唤者生活的其他人造成不公，甚至会非常残酷。众所周知，高更在中年早期抛弃了他的妻子和五个孩子，因为他说他的使命是绘画——再见了，我的爱人！然后他就抛妻弃子去了塔希提岛，让他们自

1　内森·黑尔（Nathan Hale），美国民族英雄，在独立战争中窃取情报时被英军逮捕就义，年仅 22 岁。

2　阿梅莉亚·埃尔哈特（Amelia Earhart），美国著名的女性飞行员，第一位获得十字飞行荣誉勋章的女飞行员、第一位独自飞越大西洋的女飞行员。1937 年，她尝试全球首次环球飞行时在太平洋上空神秘失踪，1939 年被宣告死亡。

力更生。心理学家会说高更值得赞扬，没有让社会教条冲击他自我实现的动力，而自我实现是有意义的人生的制高点。其他人会认为高更是一个任性的暴徒，或者更差，像谣传的那样是打老婆的男人、一个有天赋的画家，但不是什么遵守道德的人。

无论如何，那天早上我在纽贝瑞图书馆，如果没记错的话，我正在写理查德·本·克莱默的追悼会那一章。我需要拉伸一下，就站起来走到窗前，向外望可以看到街对面的"精神病院广场"（Bughouse Square），这个绰号源于它曾是芝加哥对伦敦海德公园演讲角的呼应。在20世纪三四十年代，被印在肥皂盒上的演说家们曾在这里大骂资本主义，其中最激烈者认为有种颠覆性的力量在召唤着他们。

我站在窗前，突然有一段记忆浮现出来。这可能是由我某处反射神经回路的衰退引起的。或者是我脑海里楼上的故事作者正在重新整理一些发霉的记忆，而其中的一段恰好鲜活了起来。意外总会发生，不管是什么引起的，这段突然浮现的记忆对引导我思考人生的意义极其有帮助：我想起来我记日记的那次，也是唯一的一次。从未有人读过，直到现在我应该也没有对任何人提起过。

当天下午回到家里，我发现我的日记文档（文件名"日记"，写于1989年8月29日）保存完好，被存储到我现在电脑硬盘里的某个古老的文件夹里。这个文档穿越了时间与空间，在我不知情的情况下，连续在我七八个电脑里保存过，从台式机转移到笔记本电脑再转移到台式机，至少十几次的苹果操作系统更新也没让它丢失。乔布斯都去世了它还保留着。

日记从奈德出生那天开始记，直到凯瑟琳来到人间后不久。我不记得自己为什么停止记日记了，也不很确定当初为什么开始的。没有人说过，请注意，孩子出生是改变你生活的大事件，是一个转折点，若你这时足够明智，就会开始记日记。我只是开始在文档里记录，通常是在晚上，不是每天都记，但是很精彩。"有些时刻很美好，有些更美好，还有的甚至值得我们写下来。"查尔斯·布可夫斯基在一首诗中写道。这正是我当时在做的：记录在当时看起来值得记录的时刻。日记的第一篇就是关于奈德出生的那天早上基本的时间、地点、人物的记录：

大约晚上10点到达纽约市立医院，我在候产室待了几个小时，在走廊里来回走动，适应了胎儿监护器等。琳达被转移到楼上，我们在那里又待了至少10个小时。S医生，刚度假回来，很不耐烦地来回踱步，终于，平时帮我们看病的M医生过来了。最后每个人都很累。医生想回家，琳达准备好生了，我也准备好了。S医生站在床尾，M医生的身体探到琳达的腹部，用前臂帮她往下推，不行。又往下推了一次，还没生。这时我已经吓得灵魂出窍了。S医生拿起钳子（泛着亮光的、超大号的沙拉钳，很吓人），用力拉扯了一下还是两下，慢慢拉出来一个红色的、蠕动着的、滑溜溜的小人。是个男孩！！一个护士为他称了体重，帮他擦干净身体，拿着一个手术剪，问我是否想要剪脐带。我还没有准备好，就摇了摇头。这是第一个身为人父的测试，我竟然畏缩了。我不知道还需要做什么，就做了男人常做的事情，帮他拍了照片。

那之后，这个文档里主要包含关于一个婴儿的、完全没有新闻价值的发育过程的超详细笔记，很显然，观察者由于从未见过刚出生的人类生命体而无比惊叹。突然出现的面部表情或者声音，头发或眼睛颜色的细微变化，没有一处未被发现、被欣赏、被记录。不时地，还会有短暂的忏悔或突然的自省。比如，三个月后，我发现很难记起奈德出生前自己的四十多年生活是怎样的了。几页之后，我写到了对要出差的抱怨，害怕自己错过孩子成长过程中某些非凡的成就。若我不在时他学会了抬头呢？会翻身了呢？又过了几页，我再次思考了晚年得子的情况下时间是多么宝贵（那时我43岁，刚刚开始到"肘关节"）。然后文档中记录了我不得不去米兰出差时发生的事情。以前在《时尚先生》工作时，我必须参加欧洲男装秀——为杂志做宣传，与广告商交谈等等。若你认为参加男装走秀令人羡慕、风光无限，你可千万别这样想，除非你喜欢坐在没有空调的帐篷里，里面极其闷热潮湿，光着上身的超级名模穿着假皮草背心和裁剪得体的短裤，光脚穿着添柏岚靴子，随着"赶时髦"乐队震耳欲聋的《享受安静》来回地走着猫步。你还会觉得自己比别人矮、比别人胖，然后在一个本来没什么意义的世界里更加漫无目的，真是受够了。

总之，时装秀开始前的那天我在米兰。这时奈德已经要过第一个生日了。我有一天时间可以自由安排，所以我独自在城里转悠，试着打消对存在的恐惧：

独自一人的下午，在酒店旁边一座很大的公园里，我坐在树下的长椅上，观看了一对夫妇的手风琴演奏。那位女士踩动踏板，然后踏板会触发放在一张金属折叠椅上的机械手风琴演奏器。她的丈夫戴着宽领带和软呢帽，负责唱歌，唱的是意大利民歌，出自一部很傻也很老的意大利动画。一个男人骑着自行车往这边来，大梁的座位上坐着他的儿子。他大概两岁，体格跟奈德差不多。他的父亲把他从自行车上抱到地上，他就站在那里，完全被音乐吸引住了，惊奇地盯着那个手风琴演奏器。父亲给他一张纸币，鼓励小男孩往前几步，把钱放在叮当作响的手风琴旁边的桶里。小男孩一动不动，一寸也不敢靠近。父亲再次温柔地鼓励他。小男孩迈出了很小的一两步，然后把钱往桶的方向扔了过去。那张钱好像在空中停留了很久，终于直直地飘进了小桶里。简直不可思议。小男孩快速跑回父亲怀里。我的眼泪涌了上来，说不出那一刻有多么想念奈德。

就像我不会强迫你坐下来看完我们的家庭录像一样，我也不会把这遗失已久的日记强行跟你讲更多。就像我说的，日记又持续了几年，随着时间增长记得越来越少。凯瑟琳出生的时候（那是1991年7月27日凌晨2：23）我记了很多。这时候我们在伦敦生活，我被派去协助《时尚先生》英国版的发行。凯瑟琳的出生，对于奈德的成长记录而言可以作为一个不错的结尾。奈德是在预产期后几周才终于大张旗鼓地降生的，而凯瑟琳是在预产期前几周平平静静地出生的，她到来时的背景音乐是轻柔的吉他和弦。她的降生很轻松，没有动用到纽约市立医院的"摔跤二人组"那种顶尖的产科医生，也没人用前臂把她从琳达的肚子里拖出来，也没用到巨大的沙拉钳，仅仅请到了一位来自新加坡的、名叫莉莉·费尔南德斯的助产士。莉莉那天早上的镇定、温柔和熟练，她的名字和她那天的存在，我都完全忘记了，直到从纽贝瑞图书馆回来的那天下午翻到日记的那几页时才想起来。

22　亲爱的日记

　　重新找回遗失已久的日记，让我开始思考日记及其与人生故事的联系。最初为什么有人记日记呢？你现在写日记吗？以前写过吗？如果写过或者没写过，那又是为什么呢？于是我把上述问题加入到我的采访清单里。

　　从不记日记的人可能对此非常固执。他们以为自己是谁，是鲁德亚德·吉卜林[1]，宣扬说如果事情不值得被记住，那就不值得被记录下来？有人告诉我说他们想记日记，但没时间。我相信他们，处理工作和家庭的需求已经很困难了。还有人说，他们没什么可以对日记本说的，他们的日常很普通，另外还有很多其他地方——比如 Facebook、Instagram、推特等——他们可以随时轻而易举地发表平淡的、未经仔细斟酌的文字。然而，我曾试着对他们指出，

1　约瑟夫·鲁德亚德·吉卜林（1865—1936），英国小说家、诗人，主要作品有：诗集《营房谣》《七海》、小说集《生命的阻力》、动物故事《丛林之书》等。

写日记跟在社交软件上发东西是两件截然不同的事情。记日记时，你的想法不会在手机屏幕上下滑动之后就消失了。它们互相连接，形成开放的、不间断的流水账，不会被商业信息或他人的鸡毛蒜皮打断。还有很多发生的事我们不想跟别人分享——不想发在Facebook或推特上，哪里也不想发——但值得记下来。还有些事情我们也不完全理解，无法轻易地用语言表达出来。但日记不会介意你怎样表达，它也不会评判你。你身上发生的任何事情都有其价值。每件事都很重要，直到时间证明它的愚蠢或难以理解。

有人说，她从未写过日记，因为对她来说写作不是件容易的事。说得像什么大事一样。弗吉尼亚·伍尔芙，她一生的手写日记长达38卷，她说日记怎样写的"不重要"。她读自己的日记时，承认说"很惊讶这日记洋洋洒洒地写得如此快又随意，但有时粗劣得让人难以忍受"。我那本只有70页的日记正是粗劣得让人难以忍受，就好像在读一本电台宣传册一样。文学质量呢？我觉得它介于乏味与尴尬之间。写作从来不是什么大事，因为我从未想过自己写的这些东西能公之于众。

还有很多人认为，只有过着史诗般生活的人才会记日记，比如安妮·弗兰克。或者那些过着失败而混乱生活的人，比如《BJ单身日记》的女主角。胡说八道，生活的非凡与日记是否有趣并不相关。无聊的生活也可能写出吸引人的日记，迷人的生活也可能写出无聊的日记。乔治·奥威尔，我非常欣赏他的作品，但他的日记平淡得超乎想象：购物清单、每日天气总结、植物生长报告、对山羊腹泻原因的猜测。

还有人认为，只有孤独的人才会记日记。迪迪翁曾预言自己的女儿绝对不需要记日记，因为这个小女孩"对生活向她展示的样子非常欢喜，她不惧怕去睡觉也不害怕醒来"。迪迪翁说，那些记日记的人"是另外一种完全不同的物种……他们焦虑、不满，很明显一出生就预感到生活中不足的孩子"。迪迪翁在追求某种结果。她自己记日记，因为她不能忍受浪费"每个观察结果"。她称之为"节俭的美德"。"观察了足够多的东西然后写下来，我这样告诉自己，然后到某天早上，世界上已经没有了奇迹，我只是在做自己该做的事，写作——在那样破败的早上，我只要打开日记本，这些就会冒出来，那是带着不断累积的兴趣进行的被遗忘的记录，是回到那个情境的通道：在酒店、电梯、展馆的衣帽存放处听到的那些对话（一个中年人指着帮他存放衣帽的号码对其他人说：这是我当年在足球队的号码。）"

然而，这是记日记的最好的理由：它是创造如今的你的一种方式。苏珊·桑塔格如是说，在她去世后才出版的日记，详细叙述了她作为公共知识分子的一生。"在日记里，我不仅能比任何人更加坦然地表达自己，我也能创造自己。"桑塔格在日记里写道。

就是这个理由，我现在意识到了。我开始写我那短暂存在的日记，是为了创造自己，创造自己作为父亲的角色，或者重塑自己，成为一个充分修订的自己，有一个年轻的灵魂正在依赖我，后来年轻的灵魂又来了一个。

现在，我还意识到一些别的东西。突然想起遗失已久的日记，可能并非意外，我是这样想的：那天我站在可以看到精神病院广场的窗前，如果我脑海里的故事作者为我放出这段记忆，是为了告诉我什么？比如什么呢？比如，假如没有把这些工作都留给故事作者，让他们来思考哪些事件联系是值得记住的，那可就帮了他们的大忙了，我们帮他们完成了许多困难的工作。如果是作者想要告诉我，一本定期更新的日记，无论是记在名牌笔记本上，还是记在厚厚的螺旋装订的办公笔记本上，对他来说都很有价值呢？

我是这个意思。假设你在一个乡村墓地慢跑，有什么东西吸引了你的目光。不，并不是乔治·巴兰钦的鬼魂把亚历山德拉·丹尼洛娃的鬼魂吊起来，演一出新版《堂吉诃德》那种场景。你只是看到了一棵巨大的橡树。没什么大事，就是一棵树。但这次，出于无法解释的原因，你盯着这棵树然后对自己说，树木是强壮的，树木是结实的。你突然明白，一棵树可以象征生活的意义，这令你感到晕眩——而你仅仅是感到兴高采烈的欢喜，因为那一刻你是活着的。

当然，这种错乱的洞察力可能是诗人才具有的。事实上，赫尔曼·黑塞就具有这种错乱的洞察，他甚至花费精神写了下来："一棵树说：我的力量源于信任。我对自己的父辈一无所知，我对每年开枝散叶的孩子们一无所知。我为种子的秘密而活，直到最后，其他的我一概不关心。我相信上帝在我心中。我相信我的工作是神圣的。我因为信任而活。"

但是，让我们假设你也拥有这种洞察思考力。依靠这种洞察力，你可以做些什么。你可以动笔记录树木有多么强壮、结实，也可以记在脑海里，储存在记忆里，某天被脑海里的故事作者检索出来——究竟是为什么，你也毫不知情。那么，为什么要费心把你的日记本从掉落的屋瓦下找出来，或者费力地把关于树的想法写在你的平板电脑里呢？因为，日记本可以作为你的备用仓库。虽然我们自以为能尽量多地记住那些我们认为有趣和鼓舞人心的事情，但其实我们记不住。我们太忙了，而且太容易分心。大多数我们觉得有趣或者受鼓舞的事情，都是左耳朵进右耳朵出，并不会被存放到记忆档案中，因此后来也不会被脑海里的故事作者再次复原。但当我们在日记本里匆忙记下的时候，关于树的思考就会被锁定储存，以供未来使用了。以后它还可能跟其他思考相联系，比如说，与叮人的小虫子相关的思考。不是说小虫子多么讨厌，而是说在某个轻柔的夏夜，小虫子在空中看起来是那么欢乐。然后你就有了某个主题，看到了吗？在平静的夜晚，什么都没有发生的时候，却又一切都在发生，世界是多么有意义啊！整个世界都在结实的树木的注视下，非常安全。（或类似这种的表达，抱歉我不是诗人。）意义就在于，你看到了之前没有看到的事物的本质，并密切关注着他们。在回想的时候，你可能会看到某种模式。你把点连接起来，这些点连起来能够显现出自然中存在的意义、目的和美好，这可不仅仅是让人感到安慰，甚至可能是人一开始存在的理由。

有一条底线是：假如没有你的日记，你关于树木关于虫子的思考就会转瞬即逝。在日记中记录下来就像用星星标记重要的电子邮件或者在日历上圈出某个日期。实时记录可作为一种提醒、一面旗帜。它告诉脑海里楼上的故事作者：这段记忆值得记下来。

最后——这点非常重要——研究表明，我们经常会在某些事件发生时低估了它们的价值。而这些事件，在不同的情绪或者另外的情境记起来时，它们的意义会完全出乎你的意料。就像是在你产生"树是可靠的"这种奇思妙想的那天夜里。研究表明，事件刚发生时看起来越是平常，我们越有可能错误地判断它们的意义。

我们再回到开头：我在米兰碰到那两个让小男孩入迷的手风琴弹奏者的事，在当时看起来有点可笑，但也很感人。我完全为此着了魔——在当时的情境下。但我很可能已经忘记了这件事。然而，多亏找到了遗失已久的日记本，这件事不仅被保存下来，还以另一种非常有意义的方式让我理解了。它让我想起这个世界对于一个小孩子来说是多么迷人又有魔力。随着孩子长大、我们变老，我们很容易忘记这种魔力是什么感觉。这则日记也让我记起当时与年幼的儿子分离的痛苦，记起初为人父那几年我那些强烈的感情，以及我多么努力地试图重塑自己的父亲角色。

关于莉莉·费尔南德斯那件事也一样，就是那位助产士。她是一个在某天晚上出现、又很快消失的陌生人。我会彻底忘记她。但是现在，多亏了亲爱的日记，莉莉在我的人生故事中继续存活了。她也成为在我们人生故事中成百上千个看起来很轻微、但却见证了重要事件的角色的化身。他们是我们因为在中央舞台发生的事情而分心，而忘记在致谢章感谢的那些角色。

23　写出美丽的句子

终于，我们要谈到一个我曾发誓不会在这本书里提到的话题：西西弗斯，科林斯国的建立者和君王。我曾发誓不提西西弗斯，是因为他的名字几乎在每本讨论人生意义的书中都出现了。你总无法回避他。已经够了，我对自己说。然后，在进行了更多思考后，我发誓不会以西西弗斯作为本书的结尾，我绝不会的。我会讲到他，然后过一会儿再结尾。

在写关于人生意义的书时，每个人都会援引西西弗斯的典故，是因为他是无意义主义领域无可争议的巨星。若哲学家在书堆中组织一次颁奖晚宴，毫无意外，推行人生无意义主义的终生成就奖将直接颁发给西西弗斯，而他也会放弃领奖。

我第一次知道西西弗斯应该是在小学六年级。当时我的观点还很肤浅：这是一个不走运的蠢蛋，他遭受了所能想象到的最残酷、最不同寻常的惩罚。我学到的就只有"孩子们，看啊，犯罪得不偿失"。现在我希望——但也非常怀疑有人会这样做——我希望鼓励大家以更尖锐的角度阅读西西弗斯的故事。用几种更好的方式让人们敏感的神经集中思考生命的整体意义，然后分别思考他们浪费在抱怨工作和他人上的每个钟头、每一年、每个时代的意义。

在读了一堆书后，我对西西弗斯有了更深刻的理解。他根本不是一个少年犯。荷马称他为"最狡诈的骗子"，当然那个时候伯尼·麦道夫还未出现。我发现，西西弗斯的犯罪档案比我之前所了解到的要复杂得多。他把死神绑起来，从而暂时掌控人间生死，这项突破在今天会让他同时赢得生理学、化学和医学三个领域的诺贝尔奖。我了解到，西西弗斯放纵地处决来科林斯旅行的无辜游客。他无可救药的狡诈驱使自己娶了敌人的女儿，并使其生了两个儿子。这个女人把两个儿子都杀了，因为她发现西西弗斯要利用他们作为阴谋的棋子来推翻自己的父亲。西西弗斯就像那个时代的朱利安·阿桑奇[1]，因泄漏天机而臭名昭著。

许多世纪以来，西西弗斯的名字被人肆意滥用，被那些把决定日常生活是否无聊和无意义当作事业的人使用着。打扫房间、熨衣服？在《第二性》（*The Second Sex*）里，西蒙娜·德·波伏娃将家务活比作西西弗斯推巨石上山顶又每每滚下来的重复劳动。给草坪割草？在《第二天性：园丁的教育》（*Second Nature: A Gardener's Education*）一书中，迈克尔·波伦描述了我们浪费在割草上的"炎热单调的数小时"，然后又撒肥料、施石灰让同样的草尽快长出来，进而再次开始"整个在劫难逃的过程"。

---

1 朱利安·阿桑奇，"维基解密"网站创始人、记者。他认为透露公共治理机构的秘密文件和信息是有利于大众的行为。

这里不是跟波伏娃或波伦争论的地方，我只是要说，家务活和修剪草坪对我来说都不是毫无意义的——虽然我也没对这两件事有很深的个人认同。但有些人会有同感，我觉得他们这样也很好。某些女性相信一丝不苟地料理家务就像一种宗教使命，玛莎·斯图尔特[1]的净资产也证明了这点。尽管我没有找到探索割草这件事带来的成就感的研究，我也能理解他们怎样才觉得满足。对某些人来讲，精心修剪的草坪也许会带来美学上的享受，并提高自我价值的认同。若重复地抛光和修剪能带来满足感，为混乱的世界提供一点儿条理性，我们有什么立场来否定他们呢？

另外，对自我的重复并不是罪过。考虑一下诗人菲利普·拉金的日常琐事："我让生活尽可能地简单。工作一整天，做饭，吃饭，洗漱，打电话，帮人代笔，喝酒，晚上看电视，我几乎从不外出。我想每个人都在尽力忽视时间的流逝：有的人通过让自己很忙，在加州待一年，第二年去日本；或者就像我的方式——让每一天、每一年完全一样。"

自己活也要让别人活，我是这样认为的。无聊只是旁观者的观点。

我在六年级时还不知道，究竟能以多少种方式来理解西西弗斯的故事。加缪在他经典著作《西西弗神话》里主张说，如果你不想让生活超出其本身，你会成为一个对生活相当满意的人。"向高处的拼搏，本身已经足够填满一个人的心。"他这样写道。

1　玛莎·斯图尔特，美国家居零售商 Omnimedia 创始人，人称"家居女王"，个人资产超过 10 亿美元。

加缪的作品发表六年后，哲学家理查德·泰勒把神话中的巨石又推远了一点。作为一本玄学书的作者，泰勒是他所在研究领域里的反叛者。他认为现代哲学乏味又自我中心，他举了某个哲学院不允许公众参与其活动，甚至禁止其他大学的哲学家来参与的事例。"学院派哲学家编造出看似人为的问题，再在他们自己之间踢来踢去"，泰勒如是说。他之前的一位学生回忆说，他对同事们的辩论感到吃惊，他们"辩论蚯蚓是否有灵魂，但是嘲笑对爱情和婚姻的省察"。

　　幸好，泰勒明显属于那种通过个人精神和学术力量言传身教的少数派教师，对于那些有幸听过他课的学生来说，这本身就是人生意义的来源。在校园生活中有一位这样的老师很幸运。小说家雷克·莱尔顿有位名叫帕布斯特的女老师。当莱尔顿还是个13岁的困惑小男孩时，帕布斯特女士向他介绍了挪威和希腊的神话，这引发了莱尔顿对神话的兴趣，最终导致他写出了红极一时的"波西·杰克逊与奥林匹斯之血"系列和其他销售过百万的书籍。莱尔顿说，帕布斯特老师是"我的喀戎"，即诸神聘请来教导自己后代的半人马怪物。

　　我从没有拥有过半人马，也没能有幸认识一个长着动物肢体的老师，但我想说，我也差不多遇到过一些。我确实有一位奎恩老师，在我五年级时，他建议我考虑下长大后成为作家。我八年级那会儿有一位利帕德老师，大约15年后我们再次相遇，当年我在自己毕业的高中略有名气，她递给我一张很可爱的字条。我还曾有过其他几位老师。有时候，当闻到一点儿香烟味，我的思绪就回到了令人激动的大学政治学理论课堂上，当时的授课老师是

"微笑的" C. J. 伯内特，他是那种要么很大声、要么声音嘶哑的很和蔼的人，他一支接一支地抽着契斯特菲尔德香烟，把马克斯·韦伯和埃米尔·涂尔干无聊乏味的社会理论讲得生动起来。那门课我基本算是用鼻子吸进去的。

理查德·泰勒在发表了如今被认为是西西弗斯理论开创性研究的论文三年后去世。在他生前的学生写作的回忆录里，描述了他在课堂上那幽默、富有启发性的形象，穿着卡其裤、法兰绒衬衫、工靴，坐在课桌上，手里捏着根雪茄。他跟他的狗带着配套的红色手帕，狗趴在课桌下睡觉。他还是个有名的养蜂人。泰勒坚强不屈，在被诊断为晚期癌症并仅有一年寿命的两个月后，他接受采访称："很奇怪，这事并未让我焦虑……我在人生的每个转折点都很有福气，晚年结婚后婚姻生活很美好，孩子们也很好，他俩——名叫亚里士多德和芝诺——是在我六十多岁退休后才出生的。我很想写一本关于婚姻和离婚的书，这事让我疲于应付，都没有时间思考自己的死亡。"

在他那篇被广泛引用的关于西西弗斯的论文里，泰勒发现神话是如此令人着迷，一部分是因为，神话可以用很多不同的方式去解读。这篇文章强调人类坚持的美德（用词如"坚持不懈""毅力""勇敢""精神""热情""决心""坚韧不拔"等）。然而，泰勒写道，你选择去听西西弗斯的故事时，很容易得出"他的努力徒劳无功"这类的结论。

努力真的没有意义吗？从表面来看确实如此。但是泰勒让我们共同思考一种假设。假设西西弗斯的宣判者——毕竟他们是神，可以为所欲为——秘密地为西西弗斯注射了一剂有魔力的、能改变主意的针剂呢？就像神话里的迷魂药。假设是这剂针剂在引诱着西西弗斯产生上瘾的欲望或需求，来把巨石推上山？或者，至少让他服从这项看起来毫无意义的任务。如果每次岩石滚落回来，他都迫不及待地想把它推上去呢？泰勒指出，这个故事的情境丝毫都没有变化，唯一的区别在于西西弗斯如何看待他被分配的任务。他接受了这项任务，并不觉得做这件事是一种惩罚。他甚至可能在其中看到某种价值。确实如此——如果我说得过分了你们可以打断我——如果说这看起来毫无结果的辛苦劳作，让西西弗斯的头脑可以自由地思考更加有价值的追求呢？如果他不是被困于这工作的单调，而是在思考峰峦那难以形容的美，为了山峰的颜色和光影中阳光与月色下的舞蹈而狂喜呢？我不觉得这有什么牵强附会的。我最近读了一则某位现代作家写的东西，她做过一段时间的砖瓦匠。她表示这段经历比上大学还有意义，因为这教会了自己如何集中精力。如果说把巨石推上山磨炼了西西弗斯的专注与感知力呢？如果它拓展了足够的思维带宽，西西弗斯现如今可以创作出美妙的十四行诗和动人的乐曲了呢？即使只在他的脑海中回响。

意义是什么？就像西西弗斯被判处要把巨石推上山，我们被判处要写一部人生故事——一个片段接一个片段，一天又一天，从开头到结尾，即使有时候我们不得不挣扎于不可避免的单调与苦闷中。

什么是意义？故事本身就是意义。还没明白吗？你在日记中记录下来的就是意义。意义就在于，继续努力地写出令人满意的故事，即使表面看起来就像推石头上山一样枯燥、无意义、令人疲惫不堪。

意义就在于，写出我们力所能及的最美好的故事。意义就在于让故事不要纠缠于生活中缺乏的、不足的或者丑陋的那些，而是把注意力投放在真善美的东西上，不要对痛苦和不公视而不见，而是要与之对峙。就像维克多·弗兰克曾说的，重要的不是你期望从生活中得到什么——我正用眼神锁定你们呢，千禧一代——重要的是，生活对你有什么期望，生活期望我们回报给它什么。弗兰克曾被押送到集中营，所有珍贵的东西都被剥夺了。他的妻子被投入别的监狱，生死未卜，他只能猜测[1]。他几近完成的关于人生意义重要性的书稿，他的毕生之作，在他外套的衬里中被发现，然后被没收并销毁。他对两件事的坚持——关于跟妻子在维也纳的公寓里度过的幸福时光的记忆，和用铅笔头在废旧皮革碎片上重新书写手稿——带给了他勇气和希望，从而走出那难以描述的恐怖和耻辱的境地。

"所有东西都能被抢走，除了一件事，"弗兰克如此写道，"人类最后的自由——去选择在当前环境下自己的态度，选择自己的方式。"

谢天谢地，我们日常的生活故事可不像弗兰克的那么恐怖。然而，同样的经验是适用的。绝望、失望、无聊、盲从、痛苦、仇恨与激情、信念、勇气、好奇心和爱，都无法比拟。我们每个人都被判处去写一个人生故事。意义就在于，要尽可能地写好并写出创造性。一个有开头、有中间、有结尾的故事，不管它在冯内古特图表上怎样起起伏伏，最终都在往正确的方向发展。这就是意义所在。

1　弗兰克的妻子蒂莉当时 24 岁，与他的母亲和兄弟都在集中营被杀害，但他在被释放后才得知这一噩耗。

那么，本书就此结尾了吗？没有，我还欠你们一点儿东西。

我们再回到书的开头，我说过不会破坏你们对至高无上力量的信仰——说得好像我有这个能力似的。我承诺不会对任何大众的精神追求进行评判。同时，我保证不会鄙视你对物质的追求，即使你我的观点并不相同。我们身边都有足够多的自诩圣贤和卫道士告诉我们要去崇拜谁，告诉我们生命真正的目的在哪里，以及若不按他们的规则行事，我们身上会发生什么。但我没有说过不会传授你们几点写作要领。那么，下面有一些问题和答案，希望可以回答一些之前尚未处理的枝节。

开头重要吗？

重要。开端把一切调动起来，有时候朝着正确的方向发展，有时候则不是。这是福斯特所说的你不会记得的那部分，记不住也没关系，因为开端大多数取决于养育你的父母。那之后，会发生什么就取决于你了，当然同样也取决于命运，命运是故事主角自己也无法控制的。

中间重要吗？

重要。中间至关重要。卡夫卡说，每个故事都有一个瞬间，从那一瞬间开始，再无回头之路。它的重要之处在于，这部分要充实的篇章比其他部分要多。如果你尚未找到自己人生的重点，你在这里必须找到。

再说到结尾，它重要吗？

故事的结尾非常重要。没人喜欢到最后一刻才松劲儿，至少脑海里楼上的故事作者不喜欢。如果在最后的一两章，你的记忆力开始下降，那么故事作者就会面对一场巨大的危机。我不是指老年人偶尔健忘，即使状态最好的人也会遇到那种事。事实上，最近有人推断，老年人忘记事情是一个信号，告诉我们，从过去到现在这些年，我们已经收集了足够多的记忆，我们的储存空间很紧张了。因此我们会把某些记忆放到一边——这就是老年记忆丧失的真相——只是为了给新的记忆腾出空间。

严重的记忆缺损则完全是另一回事了。"我们的记忆是我们的条理、我们的理智、我们的感受……没有记忆，我们将一无是处。"电影制作人路易斯·布努埃尔在其自传《我最后的叹息》中写道。除去其他的危害，晚年记忆丧失剥夺了脑海里的故事作者一个无比珍贵的写作机会。社会科学家称之为"生命回顾"。"也许，生命中没有其他时间像在晚年时一样，自我意识的力量如此强大。"老年医学专家罗伯特·巴特勒说。通过采集遥远的记忆，复述过去的事情，脑海里楼上的故事作者常常会发现对过去的事件和关系的全新见解。巴特勒解释说，这是"旧时光中隐藏的主旨突然出现"的时候。在人生回顾中，故事作者会经常重写某些记忆，使之更富有神话意味。他这样做，是为了使我们的故事更加鲜明。在生命的回顾阶段里，故事作者可以尽情发挥。比如，研究表明，当我们年逾古稀，我们对父母的感觉通常会比之前认为的要好得多。在这个阶段，脑海里的故事作者认为，连贯性比真实性更重要，当然不是说我们的父母其实没有比我们之前认为的更好。

最后，一个好的人生故事的主题是什么呢？

我希望到现在已经讲明白了，好的人生故事可以有很多主题——但不能集中于性、金钱、权力或者名声，尽管在一个好的人生故事中，这些东西都有其恰当的位置。一个好的人生故事不在于凝视自我，也绝不在于生活如何对你不公和亏欠，那样的故事打一出现就会被否决的。

　　好的人生故事是不断累积的故事——没错，累积。一个不断累积的故事会凸显有意义的记忆。我不是要喋喋不休地强调记日记的价值，但是日记确实是行之有效的办法，避免脑海里的故事作者遗漏有意义的记忆。意义是把当时有意义的事件和关系标记起来，就像弗兰克告诉我们的那样，当真善美来临时，要认识到它们的存在。这些时刻不一定是把你从自己的起居室捧到名人堂或历史书里去的英雄成就。有意义的时刻可能看起来相当普通。你跟孩子相处很好，你达成了想要的目标，你努力工作为自己赢得机遇，你找到非常棒的业余爱好，你参加的歌剧鉴赏课，为自己开启了伴随一生的激情。

　　要保存足够多有意义的记忆，你有两件事情要做——第一件就是要专注，要做个眼光犀利的观察者。你需要辨识出自己看到的美好或者真理。你需要注意到色彩与光影在山间舞蹈，或者一棵树可能代表的含义。这些时刻会定义你自己和他人将如何看待你。它们甚至可能为你赚得一块留在公园长椅上或枫树桩上的铭牌。

　　你还需要信任自己脑海里的故事作者。他/她一开始的时候跟其他作者一样天赋异禀，但是我们很多人质疑自己能否"写出"一个好的人生故事的能力。"人们应该学会发现和观察从内心深处照进脑海里的那束光。"爱默生说道，但他继续说，他"无意识地关闭了自己的想法，因为这是他自己的选择。在每一位天才的作品里，我们都会意识到那些被自己否定过的想法：它们又回到我们身边，带着一丝疏离的庄严"。

在我第一次穿过乡村墓地的铁门去慢跑的差不多一年后，琳达和我又回到了这个乡村，我又去了一趟墓地。这都是为了纪念那段旧时光。那时我已经思考了很多关于本书结尾的部分，正在写关于日记的那一章。找到我遗失已久的日记，促使我去东部度假时带着满满一袋子别人的日记。阿奈斯·宁的日记开始于她1914年写的一封信。在接下来的63年里，她写满了200本日记本。在她的其中一本日记里——那个时候她三十几岁——宁回答了那个由来已久的问题，即为什么人们一定要写作：

> 我们……通过写作来提升自己对生活的认知，我们通过写作来吸引、迷惑、安慰他人，我们通过写作来为爱人歌唱。我们通过写作来第二次品尝生活，不仅在当下，而且是在追溯中。我们写作，像普鲁斯特一样，回报所有的永恒，并说服自己永恒确实存在。我们通过写作来跳出生活，寻求更高远的价值。我们通过写作来教会自己与他人对话，来记录通往迷宫的旅程。当我们感到窒息、受限、孤独，我们通过写作拓宽我们的世界。我们写作，就像鸟儿歌唱，就像原始人为仪式起舞。若你不能通过写作来呼吸，若你不能在写作中放声痛哭，或用写作来放声歌唱，那就不要写了。

现在，请再读一遍上面这段文字。但是这次，用"人生"来代替"写作"，你就会发现——人生的意义一直就在我们眼前。

后记

"最终，我们拥有的只有那些，那些语言，所以它们最好是对的语言。"

——雷蒙德·卡佛《说书人的行话》

开始这个项目几个月后，有段时间我曾想写这样一个论点：不管我们的人生故事是怎样来的，每个故事从根本上不可避免地成为一个悬疑推理故事。人生故事就像推理小说，建筑在复杂的情节之上，充满了小说情节式的纠结和意料之外的转折。我们为何而存在，打从一开始就是模糊的。某个阴森的角色，最后却被发现是个好人。倒是那些看上去好得不真实的人，我们才应该多加防备。

　　有段时间，我想把这个概念推广开来。我进行调查，想看看擅长推理小说的人们是否可以提供些经验供我们参考，来写作称为"你"或"我"的这篇故事。P. D. 詹姆斯——比她有成就的同行不多了——开出了似乎很有前途的清单。她的第一条、也是最坚定的一条建议，就是要在动笔前确定故事如何、在哪里、在什么时间结束。这时候我就知道自己找错了求助对象。结束时间？我们能唯一确切知晓的就是人生故事是肯定会结束的。

然而，詹姆斯列出的清单上有几条建议，还是让我觉得在构思人生故事时有些帮助。她说，一个优秀的推理小说作家，必须时刻将自己的感觉敞开，经历所有好的、坏的事情，这与维克多·弗兰克的劝诫如出一辙。观察和欣赏细小的、日常的细节——做"有心人"——可以使故事更出人意料、更加丰满，无论它是优秀的推理小说还是令人满意的人生故事。活在当下，允许思想、感情、感性自由流动，使之被感受，同时不要妄下结论，这样即可更深刻地体会日常生活。

詹姆斯还提醒我们，推理故事中的人物必须可以上升到"真实的人类"的高度——而不是"存在于粘贴板上的角色，等着在最终章被打倒"。弗兰克基本上也说过同样的话。人类存在的意义，他写道，在于"人类个体的独特性"。这取决于我们自身，在我们遇到过的角色里找到独特的个性。

在写悬疑小说的时候，詹姆斯花了很多时间与警察和辩论队待在一起体验生活。当然，对于找到人生意义的线索来说，这些人可能不是最好的来源，但是我们还有其他的专家可以咨询，其中有哲学家、诗人、富有创造力的教师、精神导师，甚至还有孩子（见下文）。

最后詹姆斯说，她从未遇到过文思枯竭的时候，虽然有时她要等很久才能确定新小说的构思。在等待期间，她形成一个习惯：无论如何都要写一些东西——小短文，写任何事情，只为了保持手不生疏。与我们的目的更契合的是，她解释了自己为什么要记日记——她唯一的一本——那时候她已经七十几岁了。最后此日记以书的形式出版，名为《到了认真的时候：自传片段》（*Time to*

Be in Earnest: A Fragment of Autobiography)，在她去世的前几年出版。她在序言中写道："我现在的动机是想要记录一年的时光，否则这段时光就会被遗忘，不仅为了可能对我感兴趣的我的子孙们，同时随着年龄的增加和阿兹海默症的突然来袭，对于我而言这段时光也会丢失。"然后，几页之后，"有很多事情我还记得但是去思考它会很痛苦。我觉得没有必要来写这些东西。它们已经结束了，我必须接受、理解、原谅，在漫长的生命中已经不能给它们更多合适的地方了，因为我知道幸福是一种上天的礼物，而不是权利。"

在本书写作的过程中，有几次我曾想使用上千个隐喻来表达。当你阅读作家关于他们如何写作的书，就会出现这种效果。隐喻就有这种横冲直撞的本领，但是我划定了界限，决定坚持只用一个隐喻，就是楼上的那个什么的隐喻。但既然这本书已经完成了，我想再提几种作家常用的比喻，以希望可以向你展示关于如何写作人生故事的其他思路。

《权力的游戏》作者乔治·R. R. 马丁认为，作者分为两种："建筑师"与"园丁"。他们以完全不同的方式展开情节。建筑师"在打第一个钉子前先画好蓝图"，马丁在接受报纸采访时解释道，"他们设计好整幢房子，管道铺设到哪里，有多少个房间，房顶有多高等。"园丁就截然不同了，他们"只是挖个洞埋下种子，看会长出什么来"。

哪一个形象更能贴切地描述你撰写人生故事的方式呢？你会按照某个整体的人生计划，在做出决定和选择时事先考虑好，并小心翼翼吗？你会尽力预知挑战，避免不幸的意外发生吗？还是说你会顺其自然？是你来推动情节还是情节推动你呢？

朱利安·巴恩斯也有同样的观点，但他在作品中将其美化了一下，那篇文章发表在《伦敦书评》上。巴恩斯主张说，我们有些人会控制故事情节如何展开，而相对其他人而言，这却是顺其自然的事情。若你认为自己在主导行动，那你脑海里有一个巴恩斯称之为"叙事主义者"的人，催着你把人生故事写出来。不管在你身上发生什么，你都可以看到其内部的关联。你为自己的行动负责，为自己的失败感到内疚。是你让自己的人生故事从一个节点走到了下一个节点。

相反，如果你是被外部事件驱使，巴恩斯会说脑海里阁楼上有个"片段主义者"在辛勤劳作。你在生活中的不同领域之间很少看到什么联系——工作、家庭、娱乐。它们就是自己本身的样子，你不想把一切混为一谈，使其同步。你认为自己的人生故事是一连串的事件，准确无误地从一个片段走到另一个片段，而你就只是跟随着这段旅程。

哪一个更好，"叙事主义者"还是"片段主义者"呢？巴恩斯认为它们半斤八两。叙事主义者认为片段主义者不负责任，片段主义者认为叙事主义者很无聊，又像中产阶级一般保守。两者的元素我们都具备着，我是个叙事主义者，可内心还有个正在成长的片段主义者，而琳达与我正好相反。但我们俩仍然能够和平相处，有时候甚至能在话没出口时就知道对方要说什么。

有一天，我需要一些编辑方面的建议，就跟一个朋友煲了个很长的电话，她同样也是位作家。刚放下电话，她 15 岁的儿子走进了房间。她没讲任何铺垫的话，直接问他"人生的意义是什么？"然后她发给我下面这段话：

> 他眼睛也没眨。他说最近他在问自己，是什么让活着这件事如此特别。他说，不能只是说是因为生命的美丽，因为有很多东西你可以看到它们很漂亮，但是并没有生命。石头可能会有美丽的条纹和形状，但它不会有跟生物一样的意义。他说，任何生物有意义的原因在于，它能够，它应该，自我复制，能继续创造生命，即使只是细胞程度的生命。他把手掌放在胸前，告诉我古罗马人认为每个人胸中都有个小小的蜡烛，而死亡会将蜡烛熄灭。他说："有生命的东西更有意义，因为它们拥有会失去的东西。"
>
> 在一番"不愧是我儿子"的感叹之后，我说，没错，但意义是什么？
>
> "跟我说的差不多，"他说，"就是跟其他有生命的东西建立联系。"

> 也许事情就是如此简单？

在采访不同的人问他们想从生活中得到什么时，我多次听到他们说，找到一种"做自己热爱的事情"的方式是多么重要。中年人和千禧一代都反复援引过这句话。但是千禧一代在这个话题上更加直接，他们大多数人都接受了良好的教育，有自己的工作，这跟他们上百万的同龄人相比要好得多。

一位大学毕业两年的女性，住在中大西洋地区，最开始的工作是校对食品标签，那份工作没有持续很久。然后她找了一份市场运营研究员的工作。她说，这次的工作好了点儿，但也不是特别好。她的一整天都用来电话采访消费者，让愿意跟她聊的人提供产品反馈。她说这份工作很有压力，由于天性害羞，她讨厌这份工作带来的拒绝感。

一位医学生，现年27岁，对眼前的自己大失所望。他说自己从儿时起就梦想着当医生。等他后来了解到医学的"业务方面"，就后悔了。他感到忧虑，因为医生跟病人在一起的时间很少；他背负的债务让他不知所措；他说自己从身体上感到劳累。他说，学业的压力也把他击垮了，他说当他挤出任何时间玩乐时都感到内疚。他说他不开心，更不觉得满足。

当被问到如果能选择自己喜爱的事情，他们会做什么时，大多数人回答说，无论什么事都会比现在做的事要更"富有创造性"，更能"带来满足感"。但很少有人能够告诉我那个"无论是什么"到底是什么。我们很多人，或者大多数人，只是简单地不知道选择什么，或者无法选择。这种情况就是，当这件事落到我们身上的时候，我们会了解并且热爱它。这是更多人没有做自己所爱之事的原因之一。还有一个原因是，做自己热爱的事情——假设你知道那是什么的话——需要付出努力。通常情况下，要做到投身自己热爱的事情是十分痛苦的。

我所认识的人中有一个最好的反例，他知道自己热爱什么，并且像其他疯狂的年轻人那样去做了，他就是我的好朋友奥斯卡的儿子。他刚刚完成在纽约市立医院第三年的实习，过几个月，他会成为一名——用他父亲的话说"全美国赚得最少的医生"。奥斯卡说这话的语气非常骄傲，他儿子也特别兴奋。这个秋天，他会去一家流动诊所工作，去拜访全城的流浪汉收容所，为那些没有保险、无依无靠的人提供医疗服务。

这孩子身上具有宽广的胸怀，也非常有勇气。他能考进医学院并顺利毕业，然后将要从事的事业以任何人的标准来看都是真正有意义的经历，这证明了他曾竭尽全力地坚持。就是在十年前，也很难想象他会成为医生。他进入牛津大学圣约翰学院就读，课程主要是文学专著，偏重古希腊罗马文学。他的课程中没有一门符合医学院的申请要求，甚至他本科的毕业作品都是基于伽利略时代的实验。毕业后，他到处乱撞，甚至在太平洋西北地区的日托中心公司采摘浆果。他想要成为那种家庭医生，也很幸运地成为全美国赚得最少的医生，他参加了后学士项目，学习必要的化学、物理和生物课程，每一门都很难。

简而言之，他鞭策自己去努力，在没有任何精神指引或他的教父鼓励的情况下——声明一下，他的教父是我。我同样非常为他骄傲，每个人都会为他感到骄傲。鉴于他为实现自己抱负获取必要的科学知识方面坚持不懈的努力，亚里士多德都会为他骄傲的。他现在有权放松精神，享受这段旅程，在城市里最贫穷的街道上做着自己喜欢做的事情。

最后，要在生理上跟脑海里的故事作者对话，目前看来明显是不太可能了。即使有这个可能，若你被发现坐在公园长椅上跟你那个叫作住在自己身体里的小小鬼魂进行诚恳的交流时，人们会认为你是精神压力太大了。但是，假设你能够坐下来跟你脑海里的故事作者谈谈，你会问他什么？让我们来讨论一下：在这里住着的人由内而外地了解你，能立刻记起你记忆中的每件大事或者每段关系。跟这个人对一下你们的笔记，难道不是很有趣吗？

所以，假设你能够问你脑海里的故事作者一个问题，这个问题会是什么？

我会问他，在我父亲去世后的那些天、几周和几个月中，他的脑子里在想什么？我会很好奇，想知道他的压力所在，他是否会担心写错那一章，从而导致后来的人生故事出现风险。但是他没有犯错，反正从长远来看没有。随着时间的推移，故事作者很好地重写了故事。那件事带来的痛苦将会持续下去，但是它的意义已经改变了。现在的我感到很欣慰，因为我知道如果那时佛祖奇迹般地出现在我的床前，他会指出我受到的苦难是摆脱苦难的道路。如果荣格被请来做咨询，他也许会预见其中的一线希望。父母的离去对孩子可能是永远的打击，但是荣格可能会说，我父亲的突然离世触发了我迈向个性化方向的关键一步，这个过程让我们与当今和过去的其他人都变得不同，让我们比人类初期阶段强壮千亿倍。我是从维克多·弗兰克身上学到，而他是从哲学家巴鲁赫·斯宾诺莎处学到的，苦难"将不再是苦难，只要我们对之形成清晰明确的印象。"

将一切情况都考虑进去之后，我目前对自己的人生故事感到很满意。我的记忆在顺畅地流淌，我的故事又增加了新的章节。这本书是最新的版本。我还有什么要抱怨呢？在我高中毕业的那一届共有 161 位男生，我们了解到其中 26 位已经去世了，有 8 位失去联系。若失联的这些中间也有人过世（我当然希望没有），那就意味着很不幸地，我们有近两成的同学已经不再是进行中的作品了。

我有理由相信，如果我的遗传没出问题，应该可以再活个二十多年。我为什么这么狂妄自大（有点儿吧）？因为不久前我上网费力填写了一则问卷，调查我的医疗史、家族病史、婚姻状况，我使用车辆的程度，我是否定期使用牙线，还有几页其他的细节。点点鼠标，我发现我的寿命可能会是我父亲的两倍，然后跟我母亲差不多长。我母亲虽然度过了半个世纪悲痛的日子，但还好她很长寿。坏消息是——幸福是转瞬即逝的，别忘了——没有人能得知我去世的消息，至少不会立刻得知。或者他们即使得知了，也不能赶到乡村墓地来参加下葬仪式，假设我跟琳达最终决定葬在这里的话。

你看，那个在线测算，算出我会活到2038年。真不走运，2038年被预估为Unix操作系统的危机年，类似"千年虫"危机一样的编程问题。它会影响以Unix为基础的操作系统的处理时间。除非到时候重申，到2038年1月19日，3：14：07（协调世界时），我们将达到Unix系统通过32位带符号的整数时间形式所能显示的最大数字。Unix系统会认为我们重新回到了1901年，依赖Unix编程的系统中带有时间符号的一切都有崩溃的风险。这次故障，据预测者说，可能会破坏手机、路由器、航空和汽车数控系统，甚至还有更多，比如会影响我的智能厨房设备。所以，我现在可以看到百年来从没人设想过的讣告标题：

李·艾森伯格于92岁去世

世界为之静止

附 录

在这本书中，我提到了过去 50 年来社会科学家所做的众多研究。这些研究通常不是用来治愈孤独、无聊或被动的。（治疗这些，我们已经有大量名字奇奇怪怪的化合物：欣百达、Pristiq、Viibrid等。它们被归入一个数量庞大的药品家族，这可是一单 120 亿美元的生意。）我所提到的研究和医药没有任何关系。它们也不是通过动物实验或者细胞分析可以获得的发现。此刻的小白鼠就是我们，我们填写调查问卷，或者与读研究生的学生分享我们的个人历史，他们被分配去采集数据进行进一步研究。目标瞄准了一个最主观的问题：什么样的人生才有意义？

尽管这是个古老的话题，对其答案的研究却永远年轻。最早的人生意义调查——弗兰克问卷——是在 20 世纪 50 年代发明的。目标是为维克多·弗兰克的哲学研究和对情感抑郁病人的治疗提供数据支持。其中的关键问题只有一个："你觉得你的人生毫无目的吗？"调查结果稳稳地验证了弗兰克本就知晓的结论：有两成来寻求心理咨询的人承认他们的生活严重缺乏目的性。超过半数的普通群众被发现有某种程度上的脱离感。

从那以后至今的 50 年来，有大量的调查研究想要一点点地解决"意义"对我们来说意味着什么，以及意义与幸福的关系。举例有"生活态度量表""生活介入程度测试""心理幸福感量表"以及"心理凝聚感调查"等。有时候我会碰到这样那样的调查问卷，就会削一支铅笔，像要测量脉搏一样去尝试。对于"我们是谁"的好奇心，是使我们成而为人的又一变量。另外，个人测试也很有趣，所以网上有那么多。谁不想知道我们身体里百分之几是男性，百分之几是女性？我们的行为模式是否跟我们的宠物类似？

为了让你感受这是怎样的调查，我在本书后面加入了三种常见的测试。第一个会很快，大概三分钟，让你回答是否找到了生活的意义和价值。第二个更广泛，以另一种方式问同样的问题。第三个，是经典的《死亡态度描绘量表》（修订版），我在第 16 章提到过。算是深入挖掘？大概是吧。

第四个练习则截然不同。它反映出人生意义研究的另外的一套方法——将某人的人生故事下载下来，放给一个受过训练的受众听。你肯定遇不到学过丹·麦克亚当斯"人生故事协议"的研究助理，所以我提供了一个替代方案。

人生的意义问卷

"人生的意义问卷"很简单：只有 10 个问题，是从原先的 84 个问题精简而来的。问卷并非用以表明你是快乐还是抑郁，文件也不会差别对待不同种类的意义：比如，让自己依附于更宏大的概念比依附于个人的成功更有意义吗？此问卷主要用于调查个人感受或寻找生命意义的程度。以及这个程度与研究员正在调查的其他因素的关系，比如身体健康、祈祷频率、慈善参与，等等。比如，2010 年的一项研究发现，同性伴侣在进入法律认可的关系后（婚姻或民事结合），相比于单身、约会中或仅仅是"互相承诺"关系的同性恋和双性恋伴侣，能找到人生意义的概率更高。

说明：

请花点儿时间来思考，是什么令你觉得人生很重要。在下面一页中，请尽可能真实准确地回答这 10 个问题，请记住，这都是非常主观的问题，答案并没有正确或错误之分。请根据首行标识的 1～7 分来作答。

完全不正确	大部分不正确	有些不正确	不敢确定	有些正确	大部分正确	完全正确
1	2	3	4	5	6	7

1.＿＿＿＿我理解我人生的意义。

2.＿＿＿＿我在寻求让人生感到有意义的东西。

3.＿＿＿我一直在寻找人生的目的。

4.＿＿＿我的人生有清晰的目的感。

5.＿＿＿我能很好地理解是什么让我的人生更有意义。

6.＿＿＿我已经找到了令人满意的人生目的。

7.＿＿＿我始终在寻找让人生感觉重要的东西。

8.＿＿＿我在为人生寻找一个目的或者使命。

9.＿＿＿我的人生没有清晰的目的。

10.＿＿＿我正在寻找人生的意义。

评分：

　　"意义的存在"评分 = 扣除第 8 和第 9 题的分数，加上第 1、4、5 和 6 题的分数。总分介于 5～35 分。

　　"意义的寻找"评分 = 将第 2、3、7、8、10 题得分相加。总分介于 5～35 分。

得分说明：

　　设计这份问卷的研究人员为你的得分"可能"代表的结果提供以下说明：

1. 若你在"存在"调查中得分大于 24 分，在"寻找"中得分大于 24 分，很明显，你认为自己人生存在某种意义和目的。然而，你还渴望寻求更多的东西。你是在思考"我的人生可能会有什么意义"这个问题，而不是在寻找某个特定的答案。认识你的人会觉得你很上进、情绪稳定、乐于接受新事物。

2. 若你在"存在"调查中得分大于 24 分，在"寻找"中得分小于 24 分，你大多满足于抓住了让人生有意义的东西，明白了自己为什么在存在，知道自己想做什么。人们会觉得你很有条理、对人友好、善于交际、比较外向。

3. 若你在"存在"调查中得分小于 24 分，在"寻找"中得分大于 24 分，你很可能觉得人生没有多少意义 / 目的，但你在积极寻找某些能给你带来意义的人或事。你可能偶尔 / 经常感到忧虑、紧张或悲伤。人们会觉得你是伺机而动的人，当需要制订计划时会随大流，忧心忡忡，在社交生活中可能不会很积极。

4. 若你在"存在"调查中得分小于 24 分，在"寻找"中得分小于 24 分，很明显，你觉得人生没有多少意义或目的，也没有在积极地寻求、发现意义，你也不觉得这件事值得思考。人们会觉得你缺乏条理，有时会紧张或神经紧绷，不太善于社交。

人生的目的测试

　　人生的目的测试的发明（1964）被视为存在主义心理学发展的里程碑。作者詹姆斯·克伦博和莱纳德·马利克想要专门给予研究者们一种可靠的工具来评估维克多·弗兰克的核心观念，即人类动力的本质在于"对获得意义的意愿"，而找不到人生的意义，会导致"存在的挫折"以及一系列情感和行为上的压力。该测试已被应用于上百项研究，解决了广泛的问题。比如，在测试中得分高，是否与较低的中风风险、心脏病或其他身体情况相关（看起来是的）？它与情感健康及幸福度是否相关（在趋向上，的确有某种相关）？有的研究表明女性在生命的目的测试中得分高于男士，有的研究则得出相反的结论。这不是决定性的。曾有一项研究，那是在 40 年前了，发现黑人比白人得分要高得多，而其他的研究则与之相矛盾。该测试的得分与每个个体有很大的相关性，而不是在于他 / 她所属的群组。

得分说明：

　　在下表中，在每个描述旁边标上最符合你现在情况的数字（程度 1～5 ）。

1	我通常		1	2	3	4	5
			感到无聊				充满激情
2	对我来说，生活看起来		1	2	3	4	5
			完全程序化				总是令人兴奋
3	对于生活，我		1	2	3	4	5
			没有目标				有明确目标
4	我的个人存在		1	2	3	4	5
			毫无意义				有目的和意义
5	每一天		1	2	3	4	5
			完全一样				总是新鲜和不同
6	若我可以选择，我会		1	2	3	4	5
			宁肯从未出生				希望再有九条命
7	退休后，我将		1	2	3	4	5
			完全虚度剩下的时光				做一直想做的、令人兴奋的事情
8	在达成人生目标方面，我		1	2	3	4	5
			完全没有进步				在完成成就方面有进步
9	我的生活		1	2	3	4	5
			很空虚，充满绝望				充满兴奋的事情
10	若我今天死去，我会感觉我的生活		1	2	3	4	5
			毫无意义				很有意义
11	在思考人生时，我		1	2	3	4	5
			常常想自己为什么会出生				总是看到存在的意义
12	在看待世界与我的关系时，世界		1	2	3	4	5
			以我为中心				在我的生活中有意义地存在

（下页继续）

| 13 | 我是一个 | 1 | 2 | 3 | 4 | 5 |
| | | 非常不负责的人 | | | | 非常负责的人 |

| 14 | 考虑到选择的自由，我相信人类 | 1 | 2 | 3 | 4 | 5 |
| | | 完全被限制 | | | | 完全自由地做关于遗传和环境的决定 |

| 15 | 对于死亡，我 | 1 | 2 | 3 | 4 | 5 |
| | | 毫无准备，非常害怕 | | | | 心有准备，并不害怕 |

| 16 | 关于自杀，我 | 1 | 2 | 3 | 4 | 5 |
| | | 认真思考过作为一种出路 | | | | 从未考虑过 |

| 17 | 我认为自己找寻生命的目的和使命的能力 | 1 | 2 | 3 | 4 | 5 |
| | | 几乎没有 | | | | 很好 |

| 18 | 我的生活 | 1 | 2 | 3 | 4 | 5 |
| | | 不在我的掌控中，受外界因素控制 | | | | 在我的掌控中 |

| 19 | 面对我的日常任务是 | 1 | 2 | 3 | 4 | 5 |
| | | 痛苦无聊的体验 | | | | 快乐与满足感的源泉 |

| 20 | 我在生活中 | 1 | 2 | 3 | 4 | 5 |
| | | 没有找到意义或使命 | | | | 找到令人满意的目的 |

得分

把各项得分相加。得分越高，说明你在生活中看到的目的和意义越多。然而无法制订一个数字标准，表明什么算是高、中、低。人们会说得分越高越好。我确实碰到过这样观点：一旦低于50分则可以认为测试者接近于令人担忧的"存在虚无"。当然这话可以带着怀疑的态度去听。

死亡态度描绘量表（修订版）

这项测试如我之前所说，是关于我们对于自己不愿接受的那个概念的接受程度如何。尽管专门研究"恐惧管理"的咨询顾问会通过该问卷来获取个人对死亡的感受，该问卷广泛用于在特定群组中的比对，用以获得对照的态度：比如，健康的人与身患重病的人对死亡的态度有何不同；某个特定的种族或民族团体如何看待死亡；总体而言青少年对死亡有何感受，或与其他年龄组相比他们的态度如何。

说明：

以下几页问卷中含有一系列对死亡不同态度的相关陈述。请仔细阅读每条陈述，然后决定你同意或反对的程度。比如，某一条可能会说："死亡是朋友"。通过圈出以下的一个答案表示你是否同意：SA= 强烈同意；A= 同意；MA= 有些同意；U= 不能确定；MD= 有些反对；D= 反对；SD= 强烈反对。请注意这些标准，要按照从强烈同意到强烈反对，或者从强烈反对到强烈同意排列。

若你强烈同意某个陈述，就圈出 SA；若你强烈反对，就圈出 SD；若你不太确定则圈出 U。不过，请尽量少选不太确定。

请逐条看完陈述和答案。很多陈述看起来很像，但是显示出的态度的轻微区别对于未来有重要的影响。

1	死亡绝对是一种糟糕的体验	SD	D	MD	U	MA	A	SA
2	我对死亡的预期让我感到焦虑	SA	A	MA	U	MD	D	SD
3	我不惜任何代价避免思考死亡	SA	A	MA	U	MD	D	SD
4	我相信我死后会进天堂	SD	D	MD	U	MA	A	SA
5	死亡会解决我所有的麻烦	SD	D	MD	U	MA	A	SA
6	应将死亡看作自然的、不可否认、不可避免的事件	SA	A	MA	U	MD	D	SD
7	人最终都会死，这让我感到不安	SA	A	MA	U	MD	D	SD
8	死亡是通往极乐的大门	SD	D	MD	U	MA	A	SA
9	死亡让我们逃离这糟糕的世界	SA	A	MA	U	MD	D	SD
10	每当死亡的想法浮现脑海，我都努力不去想	SD	D	MD	U	MA	A	SA
11	死亡是从痛苦和苦难中解放	SD	D	MD	U	MA	A	SA
12	我总是尽力不去想到死亡	SA	A	MA	U	MD	D	SD
13	我认为天堂比现在这个世界好得多	SA	A	MA	U	MD	D	SD
14	死亡是生命自然的一部分	SA	A	MA	U	MD	D	SD
15	死亡让我们与上帝与极乐世界团聚	SD	D	MD	U	MA	A	SA
16	死亡会带来新生与美好生活的希望	SA	A	MA	U	MD	D	SD
17	我不畏惧死亡，但也不欢迎它	SA	A	MA	U	MD	D	SD
18	我非常害怕死亡	SD	D	MD	U	MA	A	SA
19	我完全避免思考它	SD	D	MD	U	MA	A	SA
20	死后的生活这件事使我觉得困扰	SA	A	MA	U	MD	D	SD
21	死亡意味着我所知晓的一切都将结束，这让我害怕	SA	A	MA	U	MD	D	SD

22	我期待死后与所爱的人重聚	SD	D	MD	U	MA	A	SA
23	我认为死亡是从尘世的苦难中解脱	SA	A	MA	U	MD	D	SD
24	死亡只是生命过程中的一部分	SA	A	MA	U	MD	D	SD
25	我认为死亡是通往永恒和福佑之地的通道	SA	A	MA	U	MD	D	SD
26	我尽量跟死亡这个话题保持距离	SD	D	MD	U	MA	A	SA
27	死亡是对灵魂的美好救赎	SD	D	MD	U	MA	A	SA
28	面对死亡有一件事让我安慰，那就是我相信来世	SD	D	MD	U	MA	A	SA
29	我认为死亡是脱离此生重担	SD	D	MD	U	MA	A	SA
30	死亡既不好也不坏	SA	A	MA	U	MD	D	SD
31	我向往死后的生活	SA	A	MA	U	MD	D	SD
32	对死后会发生什么的不确定性，让我担忧	SD	D	MD	U	MA	A	SA

评分标准：

维度	项目
对死亡的恐惧（7项）	1, 2, 7, 18, 20, 21, 32
对死亡的回避（5项）	3, 10, 12, 19, 26
中立接受（5项）	6, 14, 17, 24, 30
趋近接受（10项）	4, 8, 13, 15, 16, 22, 25, 27, 28, 31
逃离接受（5项）	5, 9, 11, 23, 29

所有项目的打分都是1～7分，从强烈反对（1分）到强烈同意（7分）。对于每个维度，可以通过将总得分除以各项的数目得出平均分。

得分可能代表的结果：

通过计算后，你会看到自己在上述五个"维度"中所处的位置。

其中有两个表明对死亡的消极态度：

1. 对死亡的恐惧：你恐惧死亡，而且你也承认这一点。若你非常害怕，高度的忧虑可能会导致你的抑郁。
2. 对死亡的回避：你害怕死亡，并回避考虑或者讨论这个话题。不能承认死亡可能导致你的"情感不适"。

然后，有三种"接受死亡"的态度：

1. 中立接受：你承认死亡是生命不可分割的一部分；你既不恐惧死亡，也不欢迎它。中立接受与精神和身体健康正相关。
2. 趋近接受：你对死亡的忧虑被某种信仰所缓和——一般而言，你相信有来世。（做个旁注，相信有来世与健康的感情的正相关性，在年长的成人中比在年轻的成人中更多。）
3. 逃离接受：你将死亡视作逃离痛苦和苦难的、易于接受的选择。

读书小组的练习

如果你跟读书小组里的其他成员一起，不是解构陌生人已经发表的作品，而是交换对彼此人生故事的见解判断，那是多么酷的一件事啊。有一种方法是：每人有 20 分钟讲述自己的人生故事。至少，每个描述必须包含叙事心理学家想要听到的 8 个"核心章节"：一段积极的、一段消极的童年记忆；一个"智慧事件"；一段生动的成年记忆；一个高峰和一个低谷；一段精神体验和一个转折点。

可以自由地在事先设定一系列问题围绕讨论。以下几个问题可以作为参考：

1. 你认为这个人生故事从总体上给人的印象如何？

2. 借用克里斯托弗·布克的《七种基本情节》所言，这个故事属于什么体裁？属于戏剧还是悲剧？重生？魔宫战斗？奇妙之旅？白手起家？降妖伏魔？

3. 这个故事让你想起什么书（或电影）吗？

4. 故事的主角是否从任何方面让你想起其他书或电影里的角色？那个角色是谁？为什么？

5. 你从故事中学到了什么？故事的教育意义是什么？

6. 最后，你会在花岗岩墓碑（或黄铜铭牌）上刻什么字来作为刚才这个故事的主题？（可以是原创的，也可以摘自电影、书本、戏剧、电视或古老的神圣经典——只要文字足够真诚就行。）

致 谢

在上台领取艾美奖终身成就奖的时候，弗雷德·罗杰斯[1]让观众们花十秒钟在心里安静地致谢在人生道路上愿意帮助自己的人，他让整个无线电城音乐厅里的人都落泪了。他看着手表为大家计时，随着时间流逝，摄像机特写在明星身上，他们确实利用这短暂沉思的机会来感谢父母、老师、朋友、精神导师、星探、制片人，以及，我不知道，比如在纽约飞洛杉矶的机舱二楼钢琴酒吧有一面之缘的陌生人。虽然短短十秒不足以让我完成致谢，但是在这里我想感谢几个角色——他们有的比较扁平，有的比较丰满，我不会对号入座——他们在我人生故事的某一章里都曾给予我帮助。

安静致谢的第一部分，我首先感谢了一些人，他们完全不知道，

1　弗雷德·罗杰斯（Fred Rogers），美国演员、制片人、编剧，曾出演电影《鬼马小精灵》（1995）。

他们的陪伴为我在墓地里度过漫长辛苦一天后带来了祝福的安慰。我注意到罗杰斯的计时腕表，就简单地感谢了芝加哥的四位代表人物：朱迪和大卫·法当夫妇，以及安娜和斯蒂文·索特斯夫妇；以及我东部家乡的四位，贝齐·卡特、加里·赫尼希，以及贝姬和丹·奥克伦特夫妇。后面这四位，在我突然闯入某个生日晚宴（不是我的生日）絮絮叨叨诉苦时纵容了我。

还要向宾夕法尼亚大学的两位优秀人才致以默默的感谢和深切的感激，他们帮我打开了一扇门，让我把故事情节继续下去：他们是现代写作课程中心的明戈·雷诺兹和英语教授阿尔·菲尔利斯。多亏他们的干预，使我得以在宾夕法尼亚大学范佩尔特图书馆和纽约大学博斯特图书馆查阅资料。我也非常享受在纽约公共图书馆内如墓园般安静的弗雷德里克·刘易斯·艾伦室内，坐在隔间里享受那些宁静的时光。很奇怪吧，令人窒息的小隔间，通常被作家之流嘲笑为"没有灵魂的、难以忍受的地方"，是他们一生都在逃离的地方，突然在这个喧闹疯狂的城市里变成了救命的庇护所？就像前文提到的，我在芝加哥纽贝瑞图书馆三楼的阅览室里也找到了宁静的庇护。我想默默地感谢这些无可取代的场所的所有工作人员，感谢他们的谦恭与帮助。

我非常感激西北大学的丹·麦克亚当斯帮助我开始写作这本书；以及约翰·科特，叙事心理学早期的倡导者，感谢他与我一起度过的高效的时间。我要感谢保罗·黄以及加里·瑞克尔同意我重印死亡接受程度的问卷；感谢迈克尔·斯泰格允许我发表人生意义的问卷。

书中出现的采访，是在凯瑟琳·布拉迪和阿马里斯·库查斯基的坚定帮助下进行的。她们运用了自己的优雅与决心，这两位坚持不懈的研究员不带任何疑虑，敢于进行亲密的对话，访问了几十位完全陌生的人，问他们是否真的觉得自己的日常生活很重要。还有，顺便问一句，当你快死的时候会不会害怕？比如你死了，而你的故事没有流传下去。我同时要感谢令人尊敬的罗切尔·伍德尔，他在乔纳森·卡普兰的鼎力相助下，完成了本书封面的构思。

即使我想开口发声致谢这些人，还是决定遵守规则，在心里安静地致谢这些人，没有你们这本书就不会完成：黛布·富特，我的编辑，她从第一天开始就给予我值得信赖的帮助和热情；还有她非常有能力、多才多艺的助理伊丽莎白·库汗奈克；以及我的经纪人埃丝特·纽伯格，她自始至终从不气馁，也是我可以倾诉心声的好朋友。

此刻，我的安静致谢不止想要出声，甚至都想唱出来了。克里斯·杰罗姆与莉萨·格伦沃尔德花费了非常宝贵的几个小时给我提建议，从故事结构到叙述性质，再到是否真的有人想知道马丁·海德格尔所说的"我们越少盯着那个锤子一样的东西，越多地抓住它使用它，它与我们的关系就越原始"。格伦沃尔德多次叮嘱：这本书要尽可能地品貌兼优，而且这不是一本教科书，伙计。话虽如此，如果我的书不够品貌兼优，或者你真的想了解海德格尔那句关于锤子的话讲的是什么，你肯定应该怪我，而不是莉萨或克里斯。

至于对琳达的致谢，当我说"想跟她葬在一个坟墓里"的时候就已经记录在案了。还有呢？还有就是这位聪明、有趣、耐心和充满灵气的女性，自始至终为我提供了温暖、智慧和鼓励。她对在编辑方面的见解，从故事的开头到结尾都帮我解开了拴着的结。没有她的细读，我根本不可能写完强调肘关节那一章。还有件事：有一天我在书架中搜寻，碰巧翻到了伯特兰·罗素的一本自传。那天余下时间我都在读那本书，做了些简短的笔记，其中只有很少一部分用进了这本书里。在把书放回书架前，我翻开前言，发现罗素把他漫长而不凡的一生故事都献给了他的妻子伊迪丝。出版商（很明智地）原样复印了罗素亲手写下的献词：

To Edith

Through the long years
    I sought peace.
I found ecstasy, I found anguish,
    I found madness,
    I found loneliness.
I found the solitary pain
        that gnaws the heart,
But peace I did not find.

Now, old & near my end,
    I have known you,
And, knowing you,
I have found both ecstasy & peace
    I know rest,
After so many lonely years.
I know what life & love may be.
Now, if I sleep,
I shall sleep fulfilled.

致伊迪丝

经历漫长的岁月

我寻求安宁，

我找到狂喜，

我找到烦恼，

我找到疯狂，

我找到孤独，

我找到孤寂的痛苦，

它啮噬着我的心，

但我从未获得安宁。

到了垂暮之年，行将就木，

我认识了你，

认识了你，

我找到了狂喜和安宁，

我得到了平静的休憩，

多年孤独的岁月之后

我懂得了什么是爱、什么是生命。

现在，如果我长眠不醒，

我会心满意足地离去。

我想就此结束本书，并默默地希望有一天，当我很老很老的时候，我会对琳达怀有同样的感觉。

名词对照表

人名

阿道司·赫胥黎	Aldous Huxley
阿尔·菲尔利斯	Al Filreis
阿尔贝·加缪	Albert Camus
阿里	Ari
阿马里斯·库查斯基	Amaris Cuchanski
阿瑟·米勒	Arthur Miller
阿图·葛文德	Atul Gawande
埃里克·洪伯格·埃里克森	Erik Homburger Erikson
埃里克·拉尔森	Eric Larson
埃莉诺	Elinor
埃丝特·纽伯格	Esther Newberg
埃泽基尔·伊曼纽尔	Ezekiel Emanuel
艾哈迈德·贾马尔	Ahmad Jamal

艾灵顿公爵	Duke Ellington
艾伦·瓦茨	Alan Watts
艾略特	T. S. Eliot
艾萨克·巴舍维斯·辛格	Isaac Bashevis Singer
艾莎道拉·邓肯	Isadora Duncan
爱德华·斯诺登	Edward Snowden
安蒂·考皮宁	Antti Kauppinen
安卡·罗曼丹	Anca Romantan
安娜	Anna
奥斯卡	Oscar
奥斯卡·辛德勒	Oscar Schindler
巴克利	Buckley
芭芭拉	Barbara
保罗·黄	Paul T. P. Wong
保罗·卡拉尼什	Paul Kalanithi
鲍比·恩赛尔	Bobby Unser
鲍勃·斯克拉	Bob Sklar
鲍勃·斯洛克姆	Bob Slocum
鲍尔索克	G. W. Bowersock
贝姬·奥克伦特	Becky Okrent
贝齐·卡特	Betsy Carter
贝拉克·奥巴马	Barack Obama
本尼迪克特·康伯巴奇	Benedict Cumberbatch
比莉·哈乐黛	Billie Holiday

伯内特	C. J. (Smiley) Burnett
伯特兰·罗素	Bertrand Russell
布莱士·帕斯卡	Blaise Pascal
查尔斯·明格斯	Charles Mingus
大卫·法当	David Fardon
大卫·福斯特·华莱士	David Foster Wallace
黛安·基顿	Diane Keaton
黛布·富特	Deb Futter
黛安·坎农	Dyan Cannon
丹尼尔·吉尔伯特	Daniel T. Gilbert
丹尼尔·列文森	Daniel J. Levinson
迪克·切尼	Dick Cheney
杜鲁门·卡波特	Truman Capote
杜齐·豪瑟	Doogie Howser
多克托罗	E. L. Doctorow
厄内斯特·贝克	Ernest Becker
厄内斯特·西蒙斯	Ernest J. Simmons
法拉赫·福西特	Farah Fawcett
弗里茨·佩尔斯	Fritz Perls
菲利克斯	Felix
菲利帕·佩里	Philippa Perry
菲尔	Phil
弗吉尼亚·伍尔芙	Virginia Woolf
弗兰纳里·奥康纳	Flannery O'Connor

弗兰兹·卡夫卡	Franz Kafka
弗朗索瓦·拉伯雷	François Rabelais
弗洛伊德	Freud
盖尔·希伊	Gail Sheehy
格里高尔	Gregor
哈罗德·雷米斯	Harold Ramis
海德	Hyde
海明威	Hemingway
亨利·米勒	Henry Miller
叶芝	W. B. Yeats
加里·格兰特	Cary Grant
加里·赫尼希	Gary Hoenig
加里·瑞克尔	Gary T. Reker
简·方达	Jane Fonda
简·莫里斯	Jan Morris
杰夫·代尔	Geoff Dyer
杰基尔	Jekyll
卡尔·荣格	Carl Jung
卡里·纪伯伦	Kahlil Gibran
凯迪	Cady
凯瑟琳	Katherine
凯瑟琳·布拉迪	Kathleen Brady
科尔·波特	Cole Porter
科马克·麦卡锡	Cormac Mccarthy

克莱曼克	E. D. Klemke
克雷·费尔克	Clay Felker
克里夫·詹姆斯	Clive James
克里斯·杰罗姆	Chris Jerome
克里斯托弗·希钦斯	Christopher Hitchens
库尔特·冯内古特	Kurt Vonnegut
奎恩老师	Mr. Quinn
拉里·戴维	Larry David
拉姆·伊曼纽尔	Rahm Emanuel
莱纳德·马利克	Leonard T. Maholick
劳丽·安德森	Laurie Anderson
李·艾森伯格	Lee B. Eisenberg
李奥纳多·迪卡普里奥	Leo Dikaprio
理查德·泰勒	Richard Taylor
理查德·本·克莱默	Richard Ben Cramer
利帕德老师	Miss Lippard
莉莉·费尔南德斯	Lily Fernandez
莉萨·格伦沃德	Lisa Grunwald
刘易斯	C. S. Lewis
罗伯特·巴特勒	Robert Butler
罗伯特·克鲁姆	Robert Crumb
罗伯特·诺齐克	Robert Nozick
罗伯特·潘·沃伦	Robert Penn Warren
罗迪·麦克道尔	Roddy McDowall

罗杰·古尔德	Roger Gould
罗切尔·伍德尔	Rochelle Udell
罗伊·鲍迈斯特	Roy F. Baumeister
马丁·艾米斯	Martin Amis
马丁·萧特	Martin Short
马可·奥勒留	Marcus Aurelius
马克·库班	Mark Cuban
玛丽	Marie
玛丽恩·戈德曼	Marion Goldman
玛莎·葛兰姆	Martha Graham
迈克尔·柯里昂	Michael Corleone
迈克尔·斯泰格	Michael F. Steger
梅根·道姆	Meghan Daum
迈尔斯·戴维斯	Miles Davis
明戈·雷诺兹	Mingo Reynolds
莫瑞·斯坦因	Murray Stein
纳尔逊·艾格林	Nelson Algren
纳特·亨托夫	Nat Hentoff
娜塔莉·伍德	Natalie Wood
奈德	Ned
尼克·卡拉韦	Nick Carraway
尼克·皮莱吉	Nick Pileggi
诺拉·艾芙琳	Nora Ephron
帕布斯特老师	Mrs. Pabst

佩姬·李	Peggy Lee
普鲁塔克	Plutarch
乔·路易斯	Joe Louis
乔纳森·卡普兰	Jonathan Caplan
乔治·R. R. 马丁	George R. R. Martin
乔治·巴兰钦	George Balanchine
乔治·莱考夫	George Lakoff
乔治·伦纳德	Geroge Leonard
乔治·桑德斯	George Saunders
乔治·修拉	Georges Seurat
乔治·伊士曼	George Eastman
切·格瓦拉	Che Guevara
萨米·卡恩	Sammy Cahn
塞隆尼斯·蒙克	Thelonious Monk
瑟伯	Thurber
山姆·金恩	Sam Keen
圣弗朗西斯	Saint Francis
斯波尔丁·格雷	Spalding Gray
斯蒂芬·卡夫	Stephen Cave
斯蒂芬·桑德海姆	Stephen Sondheim
斯蒂文·卢坡尔	Steven Luper
斯蒂文·朋克	Steven Pinker
斯蒂文·索特斯	Steven Soltes
斯科特·奥黛尔	Scott O'Dell

斯坦利·霍尔	G. Stanley Hall
苏·埃里克森·布洛兰	Sue Erikson Bloland
苏珊·伍尔夫	Susan Wolf
塔纳托斯	Thanatos
塔斯黛·韦尔德	Tuesday Weld
泰德·威廉姆斯	Ted Williams
泰勒·布兰奇	Taylor Branch
汤姆·布拉迪	Tom Brady
汤姆·斯托帕德	Tom Stoppard
汤姆·沃尔夫	Tom Wolfe
唐·德雷珀	Don Draper
唐·德里罗	Don DeLillo
唐·柯里昂	Don Corleone
唐娜·塔特	Donna Tartt
特朗普	Trump
托马斯·霍布斯	Thomas Hobbes
托马斯·霍顿	Thomas Horton
托尼·罗莫	Tony Romo
托尼·瑟普拉诺	Tony Soprano
瓦莱丽	Valarie
威尔·杜兰特	Will Durant
威廉·伏尔曼	William Vollmann
威廉·加迪斯	William Gaddis
威廉·诺斯	William North

威廉·詹姆斯	William James
威斯坦·奥登	W. H. Auden
维达尔	Vidal
维克多·弗兰克	Viktor E. Frankl
沃尔特·纽贝瑞	Walter Newberry
沃尔特·斯科特	Walter Scott
沃尔特·怀特	Walter White
乌尔里克·奈瑟尔	Ulric Neisser
西纳特拉	Sinatra
西尔维亚·普拉斯	Sylvia Plath
舍温·纽兰	Sherwin B. Nuland
亚伯拉罕·马斯洛	Abraham Maslow
亚里士多德	Aristotle
亚历山德拉·丹尼洛娃	Alexandra Danilova
伊壁鸠鲁	Epicurus
伊迪丝	Edith
伊丽莎白·库汗奈克	Elizabeth Kulhanek
伊利诺斯·贾奎特	Illinois Jacquet
约翰·柯垂	John Kotre
约翰·兰德斯特伦	Johan Lundström
约翰·斯坦贝克	John Steinbeck
约翰尼·卡什	Johnny Cash
约翰尼·莫瑟	Johnny Mercer
约瑟夫·海勒	Joseph Heller

约瑟夫·坎贝尔	Joseph Campbell
扎迪·史密斯	Zadie Smith
詹姆斯·艾吉	James Agee
詹姆斯·盖兹	James Gatz
詹姆斯·柯林斯	James Collins
詹姆斯·克伦博	James C. Crumbaugh
詹姆斯·乔伊斯	James Joyce
詹姆斯·索特	James Salter
詹妮弗·洛佩兹	Jennifer Lopez
詹妮弗·琼斯	Jennifer Jones
珍妮·莫克	Janet Mock
芝诺	Xeno
朱迪	Judy
朱利安·巴恩斯	Julian Barnes

其他

阿达马场	Aqueduct Racetrack
埃默里大学	Emory University
埃文斯顿	Evanston
艾伦·柯尼斯堡综合征	Allan Konigsberg Syndrome
布朗克斯	Bronx
格兰特研究	Grant Study
巨蟒小组	Monty Python

我脑海里住着一个自我怀疑又自作
聪明的人：一种人生思辨的可能

[美] 李·艾森伯格 著
孙红梅 吴晓燕 译

THE POINT IS: Making Sense of Birth,
Death, and Everything in Between

by Lee Eisenberg

图书在版编目（CIP）数据

我脑海里住着一个自我怀疑又自作聪明的人：一种
人生思辨的可能 /（美）李·艾森伯格著；孙红梅，吴
晓燕译.—北京：北京联合出版公司，2017.6
ISBN 978-7-5596-0327-2

Ⅰ.①我… Ⅱ.①李…②孙…③吴… Ⅲ.①人生哲
学—通俗读物 Ⅳ.① B821-49

中国版本图书馆CIP数据核字 (2017) 第 092806 号

北京市版权局著作权合同登记 图字：01-2017-3175

未 读
UnRead
—
思想家

出 品 人	唐学雷
选题策划	联合天际
责任编辑	崔保华　刘　凯
特约编辑	王　微
美术编辑	晓　园
封面设计	汐　和

出　版	北京联合出版公司
	北京市西城区德外大街 83 号楼 9 层　100088
发　行	北京联合天畅发行公司
印　刷	北京慧美印刷有限公司
经　销	新华书店
字　数	190 千字
开　本	889 毫米 × 1194 毫米 1/32　9 印张
版　次	2017 年 6 月第 1 版　2017 年 6 月第 1 次印刷
I S B N	978-7-5596-0327-2
定　价	48.00 元

关注未读好书

未读 CLUB
会员服务平台